马谢·布鲁尔家具设计研究

张玉芝　著

中国矿业大学出版社

· 徐州 ·

内 容 提 要

本书以研究马谢·布鲁尔的家具设计活动作为切入点,针对马谢·布鲁尔设计的家具,从造型、功能、美学观念和表现形式等方面进行具体、细致的分析。本书旨在使读者更深层地理解包豪斯的教育制度和现代主义设计精神,加深对经典家具设计的深入理解和感悟,以便在实践中更好地借鉴和吸收优秀的教育经验和理论成果。

本书可供高等学校艺术与设计专业的教师及学生参考使用。

图书在版编目(C I P)数据

马谢·布鲁尔家具设计研究/张玉芝著.—徐州:

中国矿业大学出版社,2022.8

ISBN 978 - 7 - 5646 - 5516 - 7

Ⅰ. ①马… Ⅱ. ①张… Ⅲ. ①家具—设计—研究

Ⅳ. ①TS664.01

中国版本图书馆 CIP 数据核字(2022)第 152490 号

书　　名	马谢·布鲁尔家具设计研究
著　　者	张玉芝
责任编辑	齐　畅
出版发行	中国矿业大学出版社有限责任公司
	(江苏省徐州市解放南路　邮编 221008)
营销热线	(0516)83884103　83885105
出版服务	(0516)83995789　83884920
网　　址	http://www.cumt.com　E-mail:cumtpvip@cumtp.com
印　　刷	徐州中矿大印发科技有限公司
开　　本	787 mm×1092 mm　1/16　印张 10.75　字数 144 千字
版次印次	2022 年 8 月第 1 版　2022 年 8 月第 1 次印刷
定　　价	58.00 元

(图书出现印装质量问题,本社负责调换)

前　言

在现代家具设计的发展历程中,既有对传统家具风格和样式的继承,又有新的突破;在处理家具功能和形式的关系上,既存在对功能的充分重视,也出现了对形式的极度偏爱,而更多的时候是对两者的综合协调。家具设计受到人类社会发展中诸多因素的影响,如社会文化变革、科技进步、物质资源的更新、艺术思维的发展等,唯一不变的主题是创造和革新。创新能力的高低反映出设计师的综合职业潜质,是设计师在设计实践中安身立命的根基,也是史学家乐于记载和评析的关键内容。

匈牙利籍设计大师马谢·布鲁尔①(Marcel Breuer)就是家具设计创新道路上的重要实践者和推动者之一。他设计出的经典家具在今天的世界各地依然深受欢迎。马谢·布鲁尔是世界现代设计史上一位名副其实的家具设计大师。是什么使他的金属家具历经百年仍然具有强劲的生命力并广受推崇?我们有必要以新的视角对这一现象进行审视,揭示其家具作品生命

---

① 马谢·布鲁尔是 Marcel Breuer 的音译人名,目前国内的译著中有多种译法,如:马塞尔·布罗伊尔,马塞尔·布鲁尔,马塞尔·布劳埃,马塞尔·布劳耶,马歇尔·布劳耶,马歇·布劳耶等。本书采用"马谢·布鲁尔"这一译名,但在引文中仍用原著译名。

力的来源。

我们关注马谢·布鲁尔及其家具设计活动,大体基于以下几点考虑:

第一,作为包豪斯(Bauhaus)的第一代学生和第二代大师,马谢·布鲁尔的学习和成才是包豪斯教育成绩的鲜活体现。包豪斯的理论教学模式和工作室实践模式,具体地体现在马谢·布鲁尔等人的学习和成长历程中。包豪斯教育体系的建立对现代设计教育具有划时代意义,这种教学模式迄今仍被世界上大多数设计院校采纳和实施。当时接受包豪斯模式教育的学生所设计的作品,很多在现今诸多设计门类中都具有开拓性的意义。马谢·布鲁尔家具设计的成功离不开工场式教学模式的培养,在当时比较简陋的条件下,马谢·布鲁尔却设计制作出至今魅力不减的经典作品,代表了当时现代主义家具设计的最高水平。所以,以研究马谢·布鲁尔的家具设计活动作为切入点,可以更深层地理解包豪斯的教育制度和现代主义设计精神,以便我们在实践中更好地借鉴其优秀的教育经验和理论成果。

第二,马谢·布鲁尔的钢管家具设计开创了现代金属家具的先河,由他的设计理念繁衍的家具设计比比皆是。因而,研究其家具设计活动和设计理念有助于在林林总总、风格迥异的家具设计作品中追溯设计思想渊源,对分析和认识各种家具流派或风格大有帮助。马谢·布鲁尔的家具设计是典型的现代主义设计,这种设计思想在当时特定的历史环境中形成,既有社会改革意义,又迎合了技术进步的节奏,同时还受到了技术美学思想和当时艺术思潮的影响,具有十分鲜明的时代特征。

第三,在当下的家具设计领域,人们依然崇尚对潮流和风格的追求。人们的消费观念也受其引导,不断变化。但事实证明,马谢·布鲁尔设计的钢管家具仍然是现代建筑和室内家具中的宠儿。这说明经典的家具设计已经超越了单纯的风格和式样的兴衰变换,而具有永久的生命活力。按照德国布劳恩公司提出的经典设计的标准,马谢·布鲁尔的设计可以当之无愧地列入经典行列。所以,对其家具设计活动的研究可以有效地为我们厘清经典设计的评价视角、尺度、品质和标准。这种研究无论在何种文化语境下,都是合适而必要的。

第四,在当代,生产力的极大提高和经济环境的改变,让人们对"设计为大众"这一理念逐渐忽视。家具设计和消费逐渐倾向于"豪华""贵族化""尊贵格调"等。在规避化学涂料的基础上,人们对原生木材的需求又被提到新的历史高度。而值得人类警醒的是,人们面临的资源矛盾并未消解,而是更加突出,尤其在人口众多、人均资源占有率极低的中国,怎样缓解对木材等重要资源的消耗问题十分紧迫。马谢·布鲁尔的设计思想在很大程度上也是源于对材料的节约,所以重申这一思想实属必要。

第五,马谢·布鲁尔在钢管家具设计之后主要转入建筑设计活动,加之他是包豪斯学院培养的学生,其设计成果虽然得到高度的肯定和赞扬,但是同他的老师们——瓦尔特·格罗皮乌斯、密斯·凡·德·罗等人的成就相比,似乎略显单薄;在对包豪斯时期和设计史的评价上,他也常常为其师尊的光辉所遮蔽。关于他的研究和介绍远不如对其师尊的研究,且大多集中于建筑领域。我国大多数学者只限于对他的几种最具代表性的家具作品进行简要研究,而缺少对其设计活动进行详细全面的专题研究。

第六,目前在网络上出现很多署名马谢·布鲁尔设计的家具,有些却并非他的作品。为正本清源,有必要将他的作品从创作源头做一详细梳理和分析,使家具爱好者或在校学生能正确了解这些作品,避免被错误信息所误导。

本书试图从个体案例的视角对马谢·布鲁尔家具设计活动进行剖析,有助于我们对经典家具设计的深入理解,尤其对提升现代设计师素养和激发原始创新的潜力具有十分重要的现实意义。揭示马谢·布鲁尔家具设计作品强大生命力的来源,可以指导当今设计师的创作实践活动。不论是研究马谢·布鲁尔家具作品形式、风格,还是挖掘其设计思想,最终目的在于引导读者触及马谢·布鲁尔设计理念的深邃之处。虽然他的设计作品品种繁多,但找到其中具有恒久生命力的东西,才是最有价值的。

作为对马谢·布鲁尔家具设计活动的专题研究,本书将通过对设计师所处的社会背景及受教育经历的剖析,探寻上述因素对其家具设计思想和设计活动的影响。同时,在造型、功能、美学观念和表现形式等方面对设计师不同时期的作品进行具体、细致的分析,以利于我们从较全面的视角对现代设计活动给予审视,找寻隐藏在设计现象背后的深层因果关系,而非仅仅停留于对家具形式、功能的分析和比照等浅表性的层面。找到设计师和设计作品与其所处整体环境之间的内在联系,就能明了设计师的创作动机、思路和设计作品所形成的完整链条。经典设计作品的成功在于它们突出了时代精神,迎合了社会的物质和精神需求,为设计的前进道路树立了新的标杆。马谢·布鲁尔设计作品的意义和价值就在于此。

作　者

2022 年 6 月

目　　录

第一章

马谢·布鲁尔生平

马谢·布鲁尔是20世纪杰出的家具设计师和现代建筑设计师,也是设计风格极具影响力的代表人物之一,长期致力于运用新形式和新材料来创造一种表现工业时代的艺术。

1902年5月21日,马谢·布鲁尔出生于匈牙利西南部城市布达佩斯一个中产阶级犹太人家庭。马谢·布鲁尔从小喜爱绘画及雕刻,渴望成为艺术家。他成绩优异,就读高中时曾获得奖学金。1920年,他在维也纳艺术学院学习绘画和雕塑,但在入学几周后,他发现那里的教育并非他原本所想,认为自己更喜欢实用艺术。随后,他在建筑师博莱克的办公室找到了仅有几周的短暂性工作,并从他的同事费雷德·福拜特(后来成为匈牙利现代建筑师的领军人物之一)那里听说了包豪斯招生的信息,于是1920年秋天他去了魏玛。① 布鲁尔经层层选拔后幸运地正式成为包豪斯的第一期

---

① 菲德勒,费尔阿本德.包豪斯[M].查明建,等,译.杭州:浙江人民美术出版社,2013:320.

学生。虽然当时由格罗皮乌斯组建的包豪斯学院(简称"包豪斯")刚刚起步,也远远没有达到格罗皮乌斯的理想目标,但出于对包豪斯教育理念和教学模式的喜爱,布鲁尔在那里开始了长达八年的学习与工作。这期间他与赫尔伯特·迈耶、约瑟夫·阿尔伯斯、辛涅克·舍珀、尤斯特·施密特及根塔·斯托尔策①等许多同学一起学习,共同践行着包豪斯的教育理念,产生了一项又一项优秀设计成果,成为机器美学的标杆。也正是在布鲁尔、迈耶和阿尔伯斯等早期学生的共同努力下,我们现在所知道的包豪斯学派才最终形成。

马谢·布鲁尔于 1920—1924 年以学生身份在沃尔特·格罗皮乌斯教授的家具工场(木工工场)学习。1924 年,他通过魏玛手工业商会的熟练工考试,成为家具工场的准熟练工,获得工作时间灵活、工资固定的待遇。1925 年,年仅 23 岁的马谢·布鲁尔在包豪斯取得硕士学位,并凭借其出色的设计才能和优秀的素质而被格罗皮乌斯留校任教,成为包豪斯的第二代教员,负责家具设计专业。那时的他负责指导家具工场的工作,已经初步展示出设计大师的潜质。经过几年的刻苦学习和实践训练,布鲁尔于 1925—1928 年成长为包豪斯的青年大师以及家具工场负责人,从事家具和标准房屋的设计。出于对家具设计的浓厚兴趣,布鲁尔大部分时间都在家具部学习与工作,在家具设计方面表现出杰出才能,并首创钢管家具。

布鲁尔也是第一个采用电镀镍工艺进行钢管表面装饰的设计师。1925 年,他成功地设计了 B3 号椅(后改名为"瓦西里椅"),这是第一个家用管状钢椅子,布鲁尔因此名声鹊起。由此,闻名遐尔的钢管椅成为布鲁尔一生中最具代表性的作品,甚至成为现代家具设计的标志性符号。瓦西里椅曾被称作 20 世纪椅子的象征,形式单纯简练,材质光洁悦目,坐感舒

---

① 在包豪斯留校任教的优秀毕业生,后来都成为包豪斯青年大师。

适,既吸纳了功能主义的设计理念,又受到了构成主义和荷兰风格派设计思想的影响。随后,布鲁尔采用批量生产的钢管作结构,充分发挥钢管材料的特性,并与皮革和纺织品结合设计生产椅子、桌子、茶几等多种新颖的现代家具。这些家具简洁、轻巧、功能良好。他负责设计的包豪斯德绍校舍的整套家具,取得了与建筑室内环境非常协调的效果。一系列钢管家具作品的出现,成为包豪斯及其设计教学思想和模式的最佳展现。

在其后的教学过程中,布鲁尔延续和丰富了包豪斯教学思维,在现代工业产品设计和建筑领域做出了卓越的贡献。1926—1927年,布鲁尔与卡尔曼・伦耶尔在柏林成立了标准家具公司。1927年,他与同是包豪斯成员的玛莎・厄普斯结婚。

布鲁尔于1928年在柏林建立自己的建筑事务所,聘请了前包豪斯学生古斯塔夫・哈森弗洛格一起工作,布鲁尔继续在柏林担任室内设计师和家具设计师。遗憾的是,这时布鲁尔的许多建筑项目都没有实现。为收集素材,好学的他着眼于更广泛的学习视野,于1931—1935年去瑞士、西班牙、北非、希腊、法国、意大利等地旅行以汲取设计养料,提高自身设计素养。1933年,布鲁尔将自己的办公室搬到了布达佩斯。两年后,他移居英国,与建筑师凡・约克一起成立建筑事务所,继续进行设计探索。这期间,布鲁尔开始致力于胶合板成型家具和室内设计的研究,继续探索以胶合弯曲板材料为主的系列家具设计,并与凡・约克合作为伊索康公司设计了一些被广泛模仿的夹板家具。1937年,布鲁尔受到哈佛大学的邀请并在格罗皮乌斯的帮助下获得了哈佛大学设计研究生院建筑学教授的职位。他和格罗皮乌斯建立了亲密合作关系,这种关系一直持续到1941年。

马谢・布鲁尔的成就不仅限于家具设计领域,他在建筑方面也成就斐然。他和格罗皮乌斯合作建立起来的包豪斯的综合国际主义与新英格兰地区的木结构建筑极大地影响了整个美国的家庭建筑。此种建筑风格的例子有 1939 年布鲁尔自己在美国马萨诸塞州林肯市的房子;同年,他与格罗皮乌斯合作,设计了宾夕法尼亚州的弗兰克之家,这可能是有史以来最大的国际风格住宅,其间布鲁尔还为弗兰克之家设计了各种各样的家具;1940 年,布鲁尔设计了马萨诸塞州韦兰的张伯伦别墅。1941 年,布鲁尔解除与格罗皮乌斯的合作关系后,在马萨诸塞州剑桥开设了自己的事务所。1956 年,马谢·布鲁尔和合伙人在纽约创立了建筑事务所,他们在美国和欧洲完成了许多重大项目,如纽约惠特尼美国艺术博物馆和巴黎联合国教科文组织大楼。1976 年,布鲁尔退休。1981 年 7 月 1 日,马谢·布鲁尔病逝于纽约。

马谢·布鲁尔一生倾力于家具、建筑领域,并因此青史留名。他被认为是 20 世纪最权威的"形式赋予者"之一。他是弯曲钢管家具的发明者,是室内装饰和钢、铝、胶合板家具的杰出设计师,是一位成功的建筑师,是包豪斯和哈佛大学的有影响力的教师。同时,他也被认为是文化的中介人,为 20 世纪二三十年代欧洲现代设计的传播做出了巨大的贡献。他幸运地遇到了自己的贵人、良师益友——沃尔特·格罗皮乌斯。布鲁尔一直追随着这位具有开创性和前瞻性的老师,并积极践行着包豪斯的教育理念。两人志同道合,亲密合作,共同开创多项经典项目。布鲁尔从籍籍无名逐渐成长为家具、建筑业的璀璨明星,身体力行地为世界现代设计史书写了浓墨重彩的一笔。

第二章

包豪斯教学体制下的
师生共进

　　20世纪初,以空想社会主义为代表的社会改革试验所引发的不仅是后来的社会主义运动的发展,也推动了与之相关的新型教育的进步。包豪斯作为一所致力于培养新型设计人才的学校,无疑承继着较强的理想主义的乌托邦色彩。新型设计人才的服务对象指向普通的工人、农民等低收入阶层,满足他们的基本生活需求,并试图弥合机械化大生产背景下艺术和技术之间的割裂。包豪斯的创办者格罗皮乌斯将视线投向了未来,包豪斯从成立到关闭虽然只有短短13年,其间历经困难和波折,但在设计史上具有非凡的意义。对新的设计教学模式的探索,不但使包豪斯培养出一批融现代设计理念和实践能力于一体的优秀设计人才,而且对现代设计产生了深远影响,奠定了现代设计教育的基础。包豪斯的工作室体制教育,让学生亲自参与其中动手制作,对学生艺术个性的培养具有决定意义。同时,提倡采用现代材料、适应批量生产的现代主义工业设计理念,大大激发了学生对新领域的开拓和创新思维的开发。马谢·布鲁尔在包豪斯求学期间,不仅接受瓦尔特·格罗皮乌斯、瓦西里·康定斯基、约翰尼思·伊顿等大师的言传身教,而且积极投身于工场实践,把所学知识运用其中,进行不懈的探索。可以说,这一阶段的学习生涯为他后来的创作活动打下了坚实的基础。

第一节

包豪斯教学体制的革新思想

1919 年 3 月 16 日,魏玛政府内务大臣弗里希正式任命瓦尔特·格罗皮乌斯为魏玛的撒克森大公艺术学院和撒克森大公艺术与工艺学校校长。同年 3 月 20 日,两所学校合并,成立国立建筑设计学院,即"包豪斯"。格罗皮乌斯就任校长后,开始着手设计教育的革新。任何革新都不会一帆风顺,包豪斯的改革也不例外。改革初始阶段,包豪斯就经历了来自社会传统艺术教育意识的阻碍,反对者中不乏魏玛保守的手工艺者、反对改革的艺术家及市民。

　　包豪斯的理想是培养能将艺术和技术结合的复合型人才,并对社会产生实用价值,以此满足机器时代人们的日常生活需求。格罗皮乌斯首先要改变的是过去松散的学院派教育习惯。在过去的艺术学院的培养模式中,存在着一种所谓的自由,即允许每个学生自行安排学习计划,一直到学生自己觉得已经彻底准备好了,才进行结业考试。这种规则导致的结果是,出现了大量的"职业学生",其中的一些学生早已人近中年,却还照样在大学里或者艺术学院里晃荡着。① 从实用主义层面看,这种散漫而毫无章法的培养模式将学生与社会隔绝,导致他们不会关心社会,在某种程度上已造成人才和学校教育资源的浪费。对于教学体系的设置问题,传统的学院教育不区分纯艺术和应用艺术,教学设置也未与建筑等实用艺术相关联。虽然时代在发展,但在这种教育体制下培养的学生却没有和社会现代化的生产技术进步相联系,教育和现实脱节,学生们生活在自我编织的象牙塔中,带着天才的高傲心理踏入新型的社会,最终结果必然是落寞地流落街头,穷困潦倒,被迫接受失业的现实。

　　这对即将大展宏图的瓦尔特·格罗皮乌斯来说,当然无法容忍。包豪斯的目标是要成为一所艺术和手工艺学校,一所建筑学校,以及一所将各种艺术整合为一的学校。显而易见,旧有的美院模式将会成为实现这个目标的绊脚石。一旦改革,原先的美术学院想要保持自己的独立性,势必进行抵制。教授是学院自我管理的中坚力量,如若他们反对,必然引起混乱。但即便懂得这个道理,又将如何处理? 难道要知难而退? 若不改革,学院将怎样发展? 美术学院到底会合并进来,还是解除关系? 这些问题曾一度困扰着格罗皮乌斯。在经过一段时间的思考后,格罗皮乌斯展示出他过人的胆识和魄力,以雷霆手段采取了一系列改革措施。他首先排斥"教授"这

---

　　① 惠特福德.包豪斯[M].林鹤,译.北京:生活·读书·新知三联书店,2001:22.

个称号,将教师的称谓改为"大师","学生"改为"学徒"或"熟练工人"。这样做的目的是引起大家的注意,在变相表明自己的态度,从这一点可以看出他是多么反对学院旧式教育习气。其次,他对自由散漫、迟迟不毕业的学生做出时间上的严格限制,即任何一名学生都要在规定的时间毕业,在校都不能超过四年,四年间必须接受严格的课程体系的训练才有毕业资格。经过一系列的政策变化,学院学生再也不能游荡在学校、无休止地占用学校资源了。最后,重视工场式教学模式。传统的学院式教学场地是画室,而瓦尔特·格罗皮乌斯改为在工场里教学,并且工场式教学体系也是环环相扣,非常严谨。学生在那里能尝试使用各种工具和材料进行独立创作。以上各种改革举措足以说明这位新上任校长雷厉风行的工作作风,他不容许陈旧的落后于时代步伐的事物的存在,而是依照新办学理念进行大刀阔斧的革新。如此看来,包豪斯的确已向传统艺术教育的培养方式开战了。

接下来事情的发展正如刚开始预见的那样,包豪斯刚成立几个月就被卷入舆论的旋涡,瓦尔特·格罗皮乌斯1919年12月写道:"这是即将到来的欧洲思想革命的开端。这种基于传统教育的旧世界观,与全新的世界观之间的冲突……绝非偶然,在魏玛这里,在这座古典主义的堡垒中,这种冲突第一个爆发,而且最为激烈"①。虽然激烈,但作为有责任有担当的事业开创者,格罗皮乌斯一边和旧思想观念及办学体制作斗争,一边要解决新学院财政吃紧、教师内部矛盾等问题。可以想见,当时这位有志校长所面临的剑拔弩张的斗争形势何其严峻。值得庆幸的是,这位年轻的领跑者无所畏惧,顶住压力,披荆斩棘,最终打开新局面,开创了艺术教育的新纪元。

---

① 弗里德瓦尔德.包豪斯[M].宋昆,译.天津:天津大学出版社,2011:22.

第二节

第一代大师的选聘

格罗皮乌斯接手学院，面对复杂的人事关系和落后的教学制度，怎样才能一步步接近自己确立的目标？这是一个极为审慎的问题。格罗皮乌斯意识到要想使学院高质量发展，首先需要制定明确的用人标准。人才是办学的基石，合适的教师人选意味着教育质量能够得到保证，再好的舵手也需有优秀水手的配合才能将包豪斯这艘大船驶向理想中的目的地。

格罗皮乌斯在教育改革上有着独特的教育理念和用人

标准。在著作《新建筑与包豪斯》中,他曾表达过这一想法:一位建筑师想要实现自己的理想,只有通过不遗余力地影响本国的工业,以创办一所新式设计学校为目的;并且使这所设计学校成功地获得权威性地位。他也认识到,要使之成为可能,需要合作者与助手等全体同人的一致努力:这些人不是像一个乐队那样机械地服从指挥、被动地工作,虽然是在一起密切地合作,却能够独立地开展工作,以促进这项共同的事业的发展。① 显然,完成这项目标的最根本条件是需要合作者通力协作。团队之间既能相互配合,又能独立工作,可分可合,这在任何时候都是一个极为完美的方案,这里面包含着一种和谐,而和谐是美的最高形态。想法看似简单,其实这是一个极高的理想主义追求。尽管如此,瓦尔特·格罗皮乌斯依然抱有坚定的信念,一定要不遗余力地促成这项伟大的事业。在其后的招贤纳士和学院未来的发展规划上,他努力地依照这个认知去践行。不但如此,他还认识到:包豪斯的工场是真正意义上的实验室,针对当今消费品,创造出了实用性的新设计,并优化要投入大批量生产的产品款型。要能够创造出各方面均符合技术、审美和商业要求的产品形式,就需要挑选一些合适的教职员工。这就要求员工要有广博的文化知识,既精通实际操作和机械方面的设计,也深谙其理论和形式法则。② 透过这一思想,我们看到当时德国社会对新式消费品的渴求,技术、艺术、审美、商业、批量化生产这些要素的结合在产品设计和生产中日益被提上日程。为满足这一要求,格罗皮乌斯提出,员工要有广博的文化知识,不但精通实际操作和机械方面的设计,而且深谙设计理论和形式法则的观点,并能独立开展工作,明确表明要吸收全面发展的优秀人才的加盟。他的这个观点内含前瞻性的洞察力,毕竟新时代、新技术提出了新挑战,没人知道未来会怎样,只能依靠自身对未来的理

① 格罗皮乌斯.新建筑与包豪斯[M].王敏,译.重庆:重庆大学出版社,2016:32.
② 格罗皮乌斯.新建筑与包豪斯[M].王敏,译.重庆:重庆大学出版社,2016:36.

解和所具备的超前眼光,依照所看到的趋势量力而行,而所有这些都需建立在对社会发展形势的高度认识之上。通过吸引人才的方略,不难看出格罗皮乌斯的远见卓识。

教师人选问题令人煞费苦心,格罗皮乌斯做事严肃认真,反对浮夸平庸,深信态度决定一切。"我们一定不能以平庸为开端;我们的职责是尽可能地征募有影响力的、知名的人才,即使我们还未能完全理解他们。"①这是他在关于包豪斯成立早期的一封信件中描述的,也是要在魏玛建立共和国人才基石的美好愿景。因此,聘任人才的基本标准是其必须具备积极进取的内在品质。瓦尔特·格罗皮乌斯本人在能力上出类拔萃,本能地拒绝平庸完全在情理之中。他所要进行的事业一定是高起点、高标准、高要求,因其坚信唯有有影响力的、知名的人才才能共同撑起包豪斯这座实验性的"大厦"。这个观点应该和他在建筑专业中领悟的道理一样,只有根基和建筑基本框架牢固了,大厦才会稳固。秉持这一观点,在1919年办学第一年,格罗皮乌斯就聘用了三位不同背景的艺术家来包豪斯任教,他们分别是艺术理论家和画家约翰尼思·伊顿、画家列奥尼·费宁格以及雕塑家格哈德·马尔克斯。包豪斯所招募的这些大师都符合具有创新精神和现代性思想等要求,直至后来还有多名大师如奥斯卡·施莱默、瓦西里·康定斯基、保罗·克利、莫霍利·纳吉、乔治·穆希等相继加入包豪斯团队。格罗皮乌斯一直以此作为招募准则。大师们在日常工作中所形成的独特鲜明的个性化特点,曾被与之朝夕相处的教师奥斯卡·施莱默用幽默的语言进行了形象化描述:

格罗皮乌斯:"咱们得把这周围清理一下。"

康定斯基:"圆是蓝的。"

---

① 德国包豪斯档案馆,德罗斯特.包豪斯1919—1933[M].丁梦月,胡一可,译.南京:江苏凤凰科学技术出版社,2017:22.

施莱默:"圆是红的。"

格罗皮乌斯:"艺术和技术——一个新二元。"①

这些大师的性格各具特色,授课亦各有风采。共同点则为喜欢探索,具有深刻的思想,关心社会,富有高度责任心。

历史的脚步永不停歇,只要时代进步,就需要创新思想,我们需要开创新事物,原创精神在任何时候都会得到推崇。瓦尔特・格罗皮乌斯、约翰尼思・伊顿、瓦西里・康定斯基、保罗・克利、奥斯卡・施莱默等大师为包豪斯的办学做出了巨大贡献,他们各自凭借智慧从不同的角度理解和践行着艺术教育法则,他们的现代设计思想推动了人类物质文明的发展,至今仍散发出熠熠光辉,对学生产生的影响更是不言而喻。诸位大师的到来为包豪斯的新型办学理念保驾护航,开辟出一条后世不可完全复制的道路。曾是包豪斯学生和教师的约瑟夫・艾尔伯斯这样回忆和评价格罗皮乌斯及他所吸纳的这些大师们:"我们更喜欢看到新的、充满活力的大师,坚决不依照前人的步伐前进。而正是瓦尔特・格罗皮乌斯勇敢地为我们引见了这样的大师们。"②历史告诉我们,包豪斯学生的成就证明了瓦尔特・格罗皮乌斯的做法既符合办学理念,又能迎合学生对教师的期望,在当时更是一种勇敢的做法。

不可否认,马谢・布鲁尔是幸运的,在特殊的时代背景下和大师们不期而至的相遇造就了他非凡的人生。这些大师级的老师各自身怀绝技,拥有让后人啧啧称赞的资本,他们的名声鹊起不仅因为他们曾任教于包豪斯,而且因为他们各自在艺术领域的探索上都拥有过人的表现。例如克

---

① O施莱默,T施莱默.奥斯卡・施莱默的书信与日记[M].周诗岩,译.武汉:华中科技大学出版社,2019:177.

② 菲德勒,费尔阿本德.包豪斯[M].查明建,等,译.杭州:浙江人民美术出版社,2013:176.

利、费宁格和康定斯基等大师,他们的名声除了来自于对包豪斯的贡献之外,其各自的艺术表现也相当出名。这是一个值得探究的现象,只有对他们展开研究才能解开马谢·布鲁尔的成就之谜。

第三节

师友们的引领

马谢·布鲁尔一入学便接触了优秀的大师,其突出表现与这些大师的言传身教密不可分。首先需要了解的是学院开创者瓦尔特·格罗皮乌斯校长,无论是在教育领域还是建筑设计领域,格罗皮乌斯皆表现得出类拔萃。他对新时代发展趋势的前瞻性把握及办学决心,对今天设计教育的范式仍产生着深远影响。他不但呕心沥血办学,筹集经费、招募教师、组织教学,而且在学生设计思想的形成方面也是一位名副其实的向导。

一、瓦尔特・格罗皮乌斯

作为第一届包豪斯校长的瓦尔特・格罗皮乌斯,具备相当多的优点。他胸怀坦荡、眼光锐利、关心社会问题、富有时代精神和革新精神,诸多优点与他的成长经历不无关系。他在 21 岁时应征入伍,受到严格的部队纪律的训练,参加过第一次世界大战。从部队回来后,他进入柏林皇家高等工业大学读书,学习建筑设计专业。后在 1919 年创办了世界第一所现代设计的学校——包豪斯,其教学范式深深地影响着今天的设计教育,开辟了时代先河。他本人设计的德绍包豪斯校舍,成为现代建筑设计的代表。他思想敏锐,善于交际,在包豪斯开办不久就与社会上的公司进行合作,为包豪斯谋到经济支持,使学生有了实践机会。

正是在他提倡的艺术与手工艺并不对立的思想指导下,包豪斯形成了强调技术性、逻辑性的工作方法。瓦尔特・格罗皮乌斯的理想是培养能够为大众服务的设计人员,他们能够设计出成本低廉、可批量化生产的产品。随着包豪斯的进一步发展及校舍迁往德绍后,他的教学思想变得更加理性。他认为,一件物品的性质是由它的功能所决定的。一把椅子、一幢住宅,要想让其功能发挥得当,就必须先去研究它的本性,因为必须充分满足它的使用目的。换句话说,一件物品必须要有实际的功能,必须廉价、耐用而且美丽。深入地研究物品的性质,给我们带来了这样的结论——只有执着地进行思考,专注于利用现代新材料,运用现代的制造手段与建筑手段,才能创造出好的形式。这些形式与现有的形式完全不同,经常会显得陌生而怪异。……在多样性中寻求简洁性,经济地运用空间、材料、时间与金钱。① 瓦尔特・格罗皮乌斯本人也是按照这一原则身体力行,在进行建筑

---

① 　弗兰克・惠特福德.包豪斯[M].林鹤,译.北京:生活・读书・新知三联书店,2001:223.

和产品设计时充分利用现代新材料,非常注重空间和经济的考虑。1922年,他带领学生设计的索默菲别墅的内部装饰就是这一思想很好的说明。该别墅内的家具、灯饰、地毯等装饰物全都由学院自己的工场承揽设计、制作,各个工场配合默契,设计风格一致,原创效果明显。应该说,瓦尔特·格罗皮乌斯对这次设计也是满意的。他认为,学生只有学会如何去把握大型设计的整体一致性,并将他们的原创设计作为整体的一部分纳入其中,才能熟练地在建造活动中开展积极的合作。[①] 包豪斯的教育已能满足现代建筑设计的整体需求,包豪斯办学理念和实践是成功的。1933年,瓦尔特·格罗皮乌斯到美国后依旧继续施展着自己的才华。他结合美国社会和当时的消费文化调整自己的建筑设计思路,学习泰勒的科学管理方法。不可否认,注重新时代对生产技术方面的需求已内化到格罗皮乌斯的精神理念中,他把这种理念融入他的设计生涯中,影响了教育,影响了设计,影响了现代社会的设计发展方向。

瓦尔特·格罗皮乌斯的个性形象可以概括为以下两个特点:

第一,先锋者形象。格罗皮乌斯喜欢挑战,他说,如果一味地不懈追求那些看似不可能的事,他确信将会成功。[②] 在格罗皮乌斯眼里,越是不可能的事越要坚持不懈地追求,敢想敢拼、勇于超越是他的性格特质,可见其内心的坚韧程度。正是拥有这些优秀品质,他才能做出别人所不能及的成就:他是第一个打破传统学院式艺术教育的人,在无任何可以借鉴的教学模式的情况下,开创了新型教学体系;他第一次提出了艺术和技术相结合的办学理念;他是第一位将基础教育和工场实践相结合的实践者等。

第二,慧眼识英才。瓦尔特·格罗皮乌斯吸纳了一批有作为的人才加入包豪斯团队,如约翰尼思·伊顿——基础课创始人;瓦西里·康定斯

---

① 格罗皮乌斯.新建筑与包豪斯[M].王敏,译.重庆:重庆出版社,2016:60.
② 弗里德瓦尔德.包豪斯[M].宋昆,译.天津:天津大学出版社,2011:9.

基——抽象艺术的鼻祖;保罗·克利、奥斯卡·施莱默、路德维希·密斯·凡·德·罗等设计大师都在包豪斯的不同发展阶段呈现出自己独到的见解和教学传授方式。这样强大的人才团队能凝聚在他周围,并取得了不朽的成果,不得不说与格罗皮乌斯的独具慧眼和人格魅力有很大关系,同时也是对他卓越影响力的证明。

对瓦尔特·格罗皮乌斯的这些评价,都表明这位先锋大师的与众不同。马谢·布鲁尔经过这样一位出类拔萃的精英人士的引导,加之参与了格罗皮乌斯领导的各种实践活动,决定了布鲁尔一开始就对新材料和现代制造手段有着独特的理解。瓦尔特·格罗皮乌斯思想主导下的教育体制不但要求学生认清自己所处的时代,明确时代使命,还要求学生会表现时代精神。布鲁尔在包豪斯求学的四年内,受格罗皮乌斯的激励和影响,紧紧跟随时代步伐,通过自己的不断努力成为家具部门的主管,独立设计的索默菲别墅中的许多创新家具及包豪斯在德绍校舍和教师公寓的系列钢管家具,都具有鲜明的现代主义特色。

马谢·布鲁尔从 1925 年硕士毕业受到格罗皮乌斯的赏识留校任教,到1937 年应邀去美国哈佛大学任教,其间一直紧紧跟随他的良师益友——格罗皮乌斯从事建筑、室内及家具设计事业,直到 1941 年两人才解除合作关系。马谢·布鲁尔始终坚持现代主义设计理念直至生命终点,可以看出,布鲁尔对瓦尔特·格罗皮乌斯理想、信念的理解和践行的一贯性。

二、约翰尼思·伊顿

约翰尼思·伊顿是一位瑞士籍教师,也是马谢·布鲁尔的另一位至关重要的导师。1919 年 10 月,伊顿被格罗皮乌斯任命为包豪斯的首批大师之一,是除陶瓷工场、装订工场和印刷工场之外的其他所有工场的形式大师。

伊顿的基础课程独具特色,对布鲁尔后来的学习生涯和职业发展起到至关重要的作用。伊顿于 1923 年 3 月从包豪斯离职,虽然那时布鲁尔还只是在学徒阶段,但布鲁尔在学习期间的基础课课程体系的建立和教授都是伊顿所实施的,所以从这一层面上说伊顿是马谢·布鲁尔的重要导师。

第一次见面时,马谢·布鲁尔就对伊顿这位未曾谋面的老师心怀芥蒂,因为学生们都知道伊顿性格古怪,是位不苟言笑之人,他的这些特点或多或少都会令年轻的学生们在潜意识里形成不可摒除的惧怕感。1920年,年仅18岁的马谢·布鲁尔初次来包豪斯求学时第一个要拜见的人就是约翰尼思·伊顿。因为按照学院的要求,新入学的学生必须提供自己的作品给大师审阅,获得批准后才能入学。当时伊顿主要负责初步课程的教学,新入学的学生也必须经过六个月的初步课程的学习并考核合格后才能选择一门工艺进入正式修习阶段。当时除了格罗皮乌斯之外,伊顿在招生验审方面也起到相当重要的作用。于是,布鲁尔按要求怀着忐忑的心情小心翼翼地把自己所创作的一本小画册拿给伊顿看。伊顿到底给出了什么评价不得而知,但他却给年轻的布鲁尔留下了不苟言笑、自大、自以为是的印象。即便如此,年轻的布鲁尔并未因这些外在原因对这位严肃刻板的老师失去希望,反而带着热情和憧憬开始了包豪斯求学之路的第一步,这也可以看出布鲁尔性格里的倔强和内心的坚定。

约翰尼思·伊顿虽在个性方面严肃、自我、缺乏亲和力,但这并不妨碍他在培养学生方面所做的贡献。伊顿非常重视基础课程的训练,他秉承训练直觉的教学原则,在上课前经常要求学生做体操和呼吸训练,使之身心放松。他的课堂授课内容主要分为自然物体和材料的研究、早期大师作品分析、研究和写生等三种类别,这三种类别的课程亦各有特色。伊顿在包豪斯教学中认识到学习古典大师创作方法的重要性,认为其能提高学生对画面秩序、布局的认识,以及对质感和节奏的感觉。于是,他在教学中先让学生讨论形式节奏、色彩原理,然后分析相关名作,以帮助学生认识不同的大师如何针对某一问题进行个性化解决的方法。伊顿还强调把握作品基本精神的重要性,上课时总是让学生带着情感去体会作品表现出的情绪。1921 年,包豪斯教师奥斯卡·施莱默在他的一封书信里记录了伊顿教授分析课的一幕:

在课上他展示照片给学生看,要求他们画出照片里的各种重要元素,通常是动作,主要轮廓线,或一条弧线。然后他再给学生看一幅哥特式画像。再后来,他展示格吕内瓦尔德的祭坛名画《哭泣的抹大拉的玛利亚》,学生们则努力从这幅难懂的画作中抽取某些基本特点。

伊顿扫一眼他们的分析成果,就怒了,开始咆哮:"但凡你们有任何一点艺术感受,也不会试图画成这样! 这最高贵的哭泣,象征世界的眼泪! 你们应该静默地坐着,融入这泪水中!"话音未落,他已摔门而去。①

伊顿注重通过拼贴、组织不同纹理材料的对比训练,激发学生的创造力。他对学生进行的每一种训练都极具目的性,譬如在对比木头、玻璃、织物、树皮、石头、羽毛、金属等各种不同质感的材料时,他训练学生不仅要依靠视觉认知,更重要的是要亲自去触摸并感知粗糙、光滑、软硬、轻重等特性。他强调用感官理解事物特性的重要性,使学生加深对不同材质间关系的理解。在他的著作《造型与形式构成——包豪斯的基础课程及其发展》中,他对自己的课堂教学做出总结:学生们观察到,木头可以是坚韧的、干燥的、粗糙的、平滑的,或是有槽纹的;铁可以是坚硬的、重的、光亮的、哑光的。最后,他们便寻找能够表现这些纹理质地特征的方法。这些练习对培养未来的建筑师、工艺师、摄影家、商业艺术家和工艺设计师都具有重大的意义。② 他将学生们的作品也分为金属型、木材型和玻璃型等多种类型,

---

① 　O 施莱默,T 施莱默.奥斯卡·施莱默的书信与日记[M].周诗岩,译.武汉:华中科技大学出版社,2019:138.

② 　伊顿.造型与形式构成:包豪斯的基础课程及其发展[M].曾雪梅,周至禹,译.天津:天津人民美术出版社,1990:32.

他希望通过培养和训练,使学生的创造力进一步发挥出来。伊顿的学生费利克斯·克利回忆道:"他每周上三次基础课程。经过美妙的柔韧练习,学生们得到了极好的锻炼,特别是些紧张的、具有防备心理的学生慢慢地像绽放的花儿一样打开了心扉。在这里,大家展示一周内的自由创作作品。还有材料学习,可供学生们在特殊工坊进行创作。因为基础课程之后,学生们要学会一门手艺,要熟悉包豪斯某个工坊的材料,所以材料学习非常必要。至今我们能欣赏到的一流手工艺品,均能在1923年的包豪斯书中看到!"①同时,他也持有色彩理性的信念,让学生了解色彩的科学构成。他训练的最终目的不是个人的自由表现,而是打好设计的基础。通过训练,学生很快就能得心应手地运用色彩进行设计。此外,他还强调学生对形体的感受和个性化教育。包豪斯优秀留校生根塔·斯托尔策在其日记中写道:"他(伊顿)起先说的是节奏和韵律。你必须首先训练你的手,让手指变得柔软灵活。我们进行手指训练就像钢琴家那样。在这些基础的训练中我们已经能够感受到节奏和韵律的存在:首先是用手指连续画圈的动作;通过手腕、肘和肩膀传递到心脏;你必须感觉每一个记号、每一根线条,不能对节奏一知半解。绘画并不是再现眼睛所看到的,而是使你所感觉的外部刺激(自然也包括内部刺激)贯穿于整个身体,这样得到的是完全个人化的东西,是某种艺术创作。"②

诚然,今天的我们已无从得知当时学生在课堂上更多的细节表现,但伊顿的教学能力和地位有目共睹。他是第一个提出组织预科班的教师,学院刚开始时的基础教学皆是在他的统一监管下进行的。不可否认,伊顿为

---

① 菲德勒,费尔阿本德.包豪斯[M].查明建,等,译.杭州:浙江人民美术出版社,2013:172.
② 惠特福德,等.包豪斯:大师和学生们[M].艺术与设计杂志社,编译.成都:四川美术出版社,2009:42.

包豪斯的预科教学做出了极大贡献,而预科教育则是培养学生能否拥有创新能力的重要一环。

1920年,马谢·布鲁尔进入包豪斯预科学习,新式教学模式对他的设计思想发展具有重要意义。约翰尼思·伊顿规定了开启学生创造之门的三项基本任务。第一是释放创造力,即学生首先要学会摆脱僵死传统的枷锁,勇于从事自己的事业。第二是简化学生选择专业方向的过程。学生可以在短时间内确定诸如木头、金属、玻璃、藤条等哪种材料更适合表现自身的创造力。第三是使学生熟悉视觉形象的原理,理解形式和色彩构成的主客观方面的相互关系。约翰尼思·伊顿在教学中强调训练学生对于自然的敏锐观察能力,对于不同的自然材料采取不同的表现方法。

马谢·布鲁尔在这一教学训练中获益非浅,通过训练为以后的理性创作打下坚实基础。另外,约翰尼思·伊顿还强调培养学生的艺术个性和艺术风格,要求学生保持某种独立性,反对陷入对固定风格的一味模仿。马谢·布鲁尔表现出的杰出才华,基础课在其中起到至关重要的作用,求创新、打破常规成为布鲁尔一生不懈的追求。

三、瓦西里·康定斯基

瓦西里·康定斯基是德国表现主义的代表画家,曾参与俄国的早期试验艺术运动,是在绘画风格上实现了完全抽象的画家,是慕尼黑新艺术家协会的联合创始人。1922年6月,瓦西里·康定斯基接受格罗皮乌斯的邀请来到包豪斯任教,直到1933年包豪斯关闭。康定斯基是包豪斯影响较大的形式导师。他博学多才,严肃认真,从美术到物理学都有研究。他是公认的杰出的先锋派理论家,对绘画元素点、线、面有着独到的理解和认识,比较重视形式和色彩的细节关系及在设计项目上的应用。在初级课程中教授抽象形式元素和分析绘图课程时,他为使学生对形式和色彩有系统的了解,编写了设计基础课程的教材《点、线与面》。他在教授色彩理论课程时,给学生布置的色彩训练主题明确,包括色彩系统和序列、色彩与形式的统一、色彩的相互作用、色彩与空间等。康定斯基认为,未来的艺术不会再是单一媒体的表现,而是多种媒介的综合,把各种艺术手段结合成一体的艺术表达将会超越所有单一的艺术手段。他还认为所有的技术都应该为设计服务,并把这种理论首先用于视觉艺术的创作与教育。后来的事实证明,科学技术的发展对艺术领域的冲击可谓巨大,从传统绘画方式转向诸如综合材料绘画、数字媒体艺术等现代艺术多元化发展已是不争的事实,可见他对艺术的认识是何等深刻和超前。

瓦西里·康定斯基在教学上注重理论体系建设,并将其教学内容设置于形式理论的框架之下。他一直致力于研究抽象的几何形,擅长以严格和科学的方法处理色彩、图形和线条,引领学生运用严谨的几何形表达丰富的情感。施莱默在1926年的信件中曾提及康定斯基的教学过程。康定斯基曾经组织过一次问卷调查:在一张纸上印了一个圆形、一个正方形和一个三角形,然后要求被调查者用红、蓝和黄这三种颜色分别为这三个图形上色。调查结果大致是圆形——蓝色,正方形——红色,三角形——黄色。所有学者都把三角形涂成黄色,却在另两种颜色的选择上产生了分歧。施莱默坦言,无论在何种情况下,他总是下意识地把圆形涂成红色,把正方形涂成蓝色。他不知道康定斯基对此的解释具体如何,其大意是圆形是宇宙的、吸引人的、阴性的、温和的图形;正方形代表积极和男子气概。[①] 后来,康定斯基将这个调研结论应用于教学训练。如三角形和正方形两个图形加在一起成为五边形,从色彩方面看就是黄色和红色相加成为橙色,即五边形对应的颜色是橙色。康定斯基对几何形的精妙运用已达到炉火纯青的地步,深深影响着包豪斯的学生。

---

① 惠特福德,等.包豪斯:大师和学生们[M].艺术与设计杂志社,编译.成都:四川美术出版社,2009:54.

马谢·布鲁尔在校期间和瓦西里·康定斯基不仅是默契的师生关系,而且建立了深厚的友谊。布鲁尔在学术观点上受康定斯基的影响很大,主要表现为在家具设计中领会了抽象(一般称为冷抽象)造型的观念,并学会对点、线、面元素进行合理应用,无论从形式还是结构上都表现得较为严谨和理性,这在其后设计作品的形式上也均有所体现。如布鲁尔在 1925 年设计的瓦西里椅,将康定斯基关于的点、线、面的理论进行了直观、具体的诠释,而且布鲁尔以自己老师的名字命名设计作品,是对深厚师生友谊的最佳说明。

四、奥斯卡·施莱默

1921 年 1 月,施莱默被格罗皮乌斯任命为包豪斯的首批大师之一。作为形式大师,他最初指导壁画系和石雕工场,并教授写生。1922—1923 年,他以造型大师的身份指导石雕工场、木雕工场、金属工场,继续教授生活绘画。对 1923 年在魏玛举行的包豪斯展览,施莱默在墙壁设计、绘画、雕塑、印刷图形、广告和舞台等领域也做出了重大贡献。1923—1929 年,他担任魏玛和德绍包豪斯舞台工作室的负责人,其中,1927—1928 年,他教授人物绘画,并从 1928 年开始开设课程"人"。

施莱默是一位情感极为细腻且博学多才的人,他在初步课程的教授中不断鼓励学生展现原创精神,他认为对人体的充分认识是从事艺术工作的基础。他在日记中写道,他要把人类形象放在研究的核心。"人,万物的尺度",为建筑和手工艺之间的变异和关系提供了诸多的可能性,他必须把其中的要义提取出来:尺度、比例和解剖;典型性与特殊性。各种艺术风格中带有引导作用的理想型。[①] 在此理论引导下,他开设了教学课程"人",其具体内容包含将骨骼线条、立方体等几何图形作为起点研究关于比例和人在

---

① 　O 施莱默,T 施莱默.奥斯卡·施莱默的书信与日记[M].周诗岩,译.武汉:华中科技大学出版社,2019:164.

空间的运动。

施莱默对理论的研究以哲学和人类学为主,他认为这些理论能解决美学和伦理学的问题。他是一位非常勤奋的老师,在包豪斯任教期间,有大型演出他总是事必躬亲,不辞辛劳加班加点将事情做好,以认真负责的态度给学生们做出极好的榜样。他在工作之余还有坚持写日记和书信的习惯。在其日记和书信里,他记录了自己对所处时代的艺术、设计和包豪斯发展的思考,也多次提到有关布鲁尔日常和工作的事情。如,施莱默在1925年的书信中写道:"周日我受邀到穆希家共进晚餐。格罗皮乌斯顺便来访,请我晚上去他家。莫霍利、布劳耶、阿尔伯斯和其他几个人在柏林参加夏季节日。"①在1926年的书信中,他写道:"昨天开会,开始前五分钟学生们提交了一份声明,称他们团结一致支持织工。穆希想要在'招致后果'之前搞清楚大师们的立场。康定斯基、莫霍利和布劳耶批评了织工们的做法。"②这些记录都表明布鲁尔和施莱默及学院其他大师之间朝夕相处,亦师亦友,相互影响。今天我们所知的许多包豪斯相关信息都是从施莱默的日记和书信中获取的,奥斯卡·施莱默让我们对布鲁尔所处的那个时代有了更为真切的了解。

五、保罗·克利

保罗·克利于1920年12月被格罗皮乌斯任命为包豪斯教师。他于1921年担任书籍装帧工场的形式大师,开始教授基础课——形式理论。

克利的授课风格生动、有趣,他对点、线、面等各种形态的表现有着深刻的体会和理解,经常用拟人的手法举例,如一条线可以是"'一个为了散步的散步。没有终点'。但也有其他类型的线,它们更成熟,通过设计去描述像

---

① O 施莱默,T 施莱默.奥斯卡·施莱默的书信与日记[M].周诗岩,译.武汉:华中科技大学出版社,2019:196.

② O 施莱默,T 施莱默.奥斯卡·施莱默的书信与日记[M].周诗岩,译.武汉:华中科技大学出版社,2019:251.

三角形、四边形或圆形那样的平面图形，它们被赋予'平静的特征'，并且'既不是开始也不是结束'"①。包豪斯学生汉斯·费施利回忆道："克利既不告诉我们如何绘画，也不指导我们如何用色，而是告诉我们线和点是什么……有无数种类的符号——缺乏特点、特点太弱或特点太强，是自大的家伙和故弄玄虚的人，有一些线条，人们因为害怕它们劫数将至而宁愿将其送进医院，还有一些线条则吃得过饱。如果某条线笔直地站了起来，那么它是健康的，如果它是倾斜的，则是生病的，如果它正躺着，人们则认为这是它最喜欢的状态。"②

　　克利在教学中强调各种形态之间的依存关系和内在联系，注重自然法则和规律。他相信，一切自然事物都源于某些基本的形式，艺术应该揭示这些形式。要努力求索自然造物的生成过程，而不是对它们进行肤浅的表面模仿。应该让自然通过绘画获得新生，自然世界里的环境松散而自治，自有其内在的法则，在从这里提取画面的时候，必须要遵循这个法则。③他鼓励学生探索各种技巧和试验多种色彩、图形及形象，使自然事物通过绘画获得新生。课堂上他常常先展示一些作品，再让学生通过绘画和色彩来解决问题。他的教学目的是使学生最大限度地探索平面设计和色彩运用的规则，并从科学角度理解色彩与视觉的关系，形成自身对几何形体独特的理解。克利为学生进入创新空间打下了坚实的基础。

　　克利对教学的态度严谨认真。他对问题从不武断地下结论，课前坚持把每节课要讲的内容都详细地写下来，每讲完一次课都给学生布置相关联的练习题来验证他的理论。这种做法不是心血来潮的偶然行为，而是长期

① 韦伯.包豪斯团队：六位现代主义大师[M].郑炘，徐晓燕，沈颖，译.北京：机械工业出版社，2013：110.
② 韦伯.包豪斯团队：六位现代主义大师[M].郑炘，徐晓燕，沈颖，译.北京：机械工业出版社，2013：110.
③ 惠特福德.包豪斯[M].林鹤，译.北京：生活·读书·新知三联书店，2001：95.

的坚持。1925年,保罗·克利还将自己的课堂教学内容整理成《教学笔记》一书完成出版,丰富了包豪斯教育内容。格罗皮乌斯一直坚信克利在启发学生的想象力方面很有才能。

克利曾教授马谢·布鲁尔的基础课程,不可否认,马谢·布鲁尔日后表现出的非凡的创造力与克利的启发式教学存在必然的联系。

以上各位大师在教学上各有特色,皆为时代精英,他们对社会文化有着自己的洞察力,都很注重启发学生的创造性思维。诸多先进的教学理念意在唤醒学生身上的创造潜力,开启他们的智慧之门。马谢·布鲁尔在包豪斯求学与工作期间,同大师们朝夕共处,深受他们的影响,加之自身勤奋好学,为日后在家具领域的卓越成就奠定了扎实的基础。可以肯定地说,包豪斯第一代大师的思想对布鲁尔创造潜力的发掘有着极为密切的联系,是成就其辉煌事业的根基。

第四节

新颖教学模式

包豪斯的成就世人有目共睹，包豪斯章程中阐述的教育目标便是致力于以手工艺教育为基础，将能够进行创造性造型和有造型天才的人培养成为工艺家、雕塑家、画家或建筑家。它的教育体制源于手工艺行会，重视传授手工艺，一反只传授绘画类纯艺术的传统教育模式。这种新颖教学模式培养的包豪斯学生融技术、艺术于一身，他们的历史使命是将所学知识和技能服务于社会，为人们解决生活中的实际问题。马谢·布鲁尔身处其中，接受了包豪斯教学体系的系统化培养，在新型教学大纲的指引下,经过工场式的实践训练,逐渐走向成功。

一、课程体系的培养

格罗皮乌斯在起初进行教学大纲的设置时就有着独到见解。他认为纯绘画类艺术家虽有想象力但无足够的技术经验和知识进行技术操作;而工匠又只注重技能,缺乏艺术美感和想象力,无法增强产品美感。这两类人都只拥有单方面优势,无法打通两个领域之间的壁垒,以满足机器化工业生产所需要的全面技能。针对这个问题,他提出了自己的看法:两位背景不同的老师同时参与教学很有必要,因为工匠不能像艺术家一样用丰富的想象力去解决问题,而艺术家也没有足够的技能经验去做工场的技术操作。我们要培养兼具这两种天赋的新一代设计师。[①] 格罗皮乌斯的目的很明确,就是要培养集技术和艺术于一身的人才。于是,瓦尔特·格罗皮乌斯在明确的包豪斯教育理念指导下,设计制定了一系列科学合理的教学大纲。

(一)教学大纲的制定

格罗皮乌斯认为,一位设计师所创作的作品质量的优劣,取决于设计师各方面才能的适度平衡,应该重视设计师综合能力的训练,使设计师全面发展,在设计中动手能力和认知能力训练需要同时进行。时至今日,我们依然认为艺术设计是一门综合学科,一位合格而出色的设计师必须同时具备人文、艺术、技术、经济、管理、市场营销等多方面专业知识和动手实践能力,并在设计时综合运用这些知识和技能,找到设计对象的诉求点,进行创意发挥。

瓦尔特·格罗皮乌斯对社会和时代的把握优于常人,天生具有高度社会敏感性。他认为艺术家要有性格,传统的学院忽视了对人的塑造是一大

---

① 德国包豪斯档案馆,德罗斯特.包豪斯 1919—1933[M].丁梦月,胡一可,译.南京:江苏凤凰科学技术出版社,2017:34.

损失。事实的确如此,社会由各种不同性格特点的人组成,每个人都在自己所处的位置发挥着不同作用,以彰显其存在的价值,如果人的个性思维认知不被开发,趋向相似或雷同是对人的智力的浪费,这或许就是格罗皮乌斯强调创造性的初衷。包豪斯教学大纲本着对人的塑造的理念而设计,更希望能避免未来设计师被机器大生产牵着鼻子走的悲惨结局。

经过一番深思熟虑,格罗皮乌斯制定的课程大纲内容如下:

(1)在石材、木材、金属材料、泥土、玻璃、颜料、织机操作方面设置实践课程;辅以材料和工具运用的课程,以及记账、成本核算和标书拟定等的基础训练。

(2)形式训练的课程有:

① 形态方面:自然研究,材料研究;

② 表现方面:平面几何研究,结构研究,制图,模型制作;

③ 设计方面:体量研究,色彩研究,创作联系。

通过讲座的方式,充实各门艺术和科学领域的知识。

全部课程由三个阶段组成。

(1)初步课程,为期六个月,包括设计基础训练和在为初学者而设的工场中运用不同材料进行试验。

(2)技能课程,学生在某个实训工场,作为一名合同制学徒进行学习。此阶段的学习历时三年之久,最终这些学生考核合格后方可获得由本地贸易委员会或包豪斯颁发的熟练工证书。

(3)建筑课程,专为突出的学生而开设,学习期限根据每位学生的具体情况和才能而定。此阶段课程由两部分组成,第一部分是学生要在实际的建筑工地从事体力劳动;第二部分是学生在包豪斯的研究部接受理论方面的学习,以此增强之前的学习效果。在建筑课程结束之时,学生考核合格就可获得由本地贸易委员会或包豪斯颁发的营造师毕业文凭。①

　　这份翔实的课程大纲细致到包括记账、成本核算和标书拟定等内容的基础训练,显示出格罗皮乌斯高度负责的工作作风。他把学生走向社会后即将承接项目所需要的一些基本技能都写进课程大纲里,目的是让学生毕业后具备实际操作能力,增强社会竞争力,满足社会化大生产对人才的需求。另外,大纲里通过讲座的方式充实各门艺术领域的知识,也反映出他对学生进行综合知识素养培养的考虑。在他的意识里,培养出的学生不但要掌握人文学科知识,扩大学术视野,而且更应注重对科学知识的学习,以跟上科学发展的步伐。初步课程—技能课程—建筑课程,这个循序渐进的学习过程也能使学生找到自己的位置和优势。从形式训练到实践操作,再到为能力强的优秀学生提供建筑设计训练,再次验证了包豪斯的培养全面发展的人的目标和宗旨。1922 年包豪斯的课程设置见附图 2-1。

　　大纲确立后,格罗皮乌斯进行了一系列教学模式的改革。他首先规定,进入包豪斯学习的学生经过半年的预备教育以后,根据成绩决定其是否可以正式入学。其次,学徒工和技工要同时跟随形体师傅和工艺师傅学习。学徒工和技工在一定的时间内上满规定的课程之后,经过工业会议和师傅会议的考试,分别晋级为技工或青年师傅。② 这种采用双轨式教学模式的目的显而易见,就是要学生掌握扎实的基本功,满足新时代对人才的需求。同时,他还将一流的技师及杰出艺术家们的教学整合在一起,采用手工艺实训和造型练习相结合的综合方法同时训练学生。这种双轨式教学模式,将会使未来的一代设计师在所有形式的创造性活动中达到一种新的统一,并成为一种新文化的缔造者。③ 格罗皮乌斯特别强调未来的一代设计师在所有

---

① 格罗皮乌斯.新建筑与包豪斯[M].王敏,译.重庆:重庆大学出版社,2016:46-50.
② 何人可.工业设计史[M].北京:北京理工大学出版社,2000:38.
③ 格罗皮乌斯.新建筑与包豪斯[M].王敏,译.重庆:重庆大学出版社,2016:55.

形式的创造性活动中达到一种新的统一,这种立足于实训课程训练出来的统一是深入学生骨子里的知识内化,能依据设计对象进行技术、功能和形式的合理结合,而非舍本逐末地只追求产品表面的形式设计,忽略其内在文化价值。双导师的教学模式加之理论与实践相结合的教学方法非常成功。随后几年内,包豪斯经过诸位大师的实践总结,研究出一系列有创造性的教学方案,改变了 20 世纪二三十年代的设计局面。

　　包豪斯一反常态打破传统自愿式的师徒传承模式,这在当时是非常有创意的举动,吸引了众多目光,许多年轻人纷纷赶来,带着好奇和期望迫切地加入这一划时代的伟大壮举中来。包豪斯学生阿尔伯斯在回忆录中说:"虽然我特别喜欢慕尼黑,但是我很快有强烈的欲望要去魏玛,因为在一个不同寻常学校名字下学习的美好前景吸引了我,这个名字就是'包豪斯'。"①同样,马谢·布鲁尔也是受到新颖教学模式的吸引,满怀希望不远千里从匈牙利来到包豪斯求学,以期学到更多技能来提升自己。包豪斯在当时俨然已成为年轻人心目中追求新思想、新理念的理想之地。

　　事实证明,这种教育模式确实是成功的。马谢·布鲁尔从进入包豪斯学习之始就按这种教学模式接受教育。由于合理的课程安排和自己喜欢探索的天性,他仅用了四年时间就拥有了高度的创造力、扎实的设计理论基础和高超的工艺技能,包豪斯把布鲁尔从一名开始并未致力于工业设计领域的青年锤炼成一名优秀的设计大师。通过系统化实践训练,马谢·布鲁尔对艺术家和技术人员的组合工作已经形成自己独到的见解。他认为,一个优秀的艺术家和一个优秀的技术人员的组合,在大多数情况下是可能的。他同时还认为,好的艺术家和好的技师一起工作,构思一个想法不需要技术知识,但实现这个想法需要技术能力和知识,构思想法和掌握技术并不需要

---

　　①　菲德勒,费尔阿本德.包豪斯[M].查明建,译.杭州:浙江人民美术出版社,2013:176.

同样的能力;但这并不意味着艺术家只应该关注技术方面,或者只应该创造出想法而不确保它被执行。① 布鲁尔对艺术家和技术人员之间协作的辩证思想的形成,对其日后的设计之路起到理论指导作用,是宝贵的经验总结。

(二)教学训练及课程体系的完善

合理的课程体系有利于学生全面系统地掌握所学知识,能有效启发学生的创造力。包豪斯是一所实验教育学校,办学之初在课程安排上并没有参照物,一切创新均来自诸位包豪斯大师对社会和时代责任的理解。

包豪斯学生在入学的第一年面临的是对感官体验、丰富情感价值和拓展思维的训练。训练目的是使学生对每项任务都能够顺利找到创造性的解决方案。在此训练基础上,第二年将重点转向职业化训练,学生可以在工场自由选择感兴趣的方向,如金属工场、木工工场、纺织工场等。包豪斯提出的学习口号是"不是为了学校,而是为了生活"。在这样一种理念的影响下,学生团队逐渐建立起来,他们在学习中不但要了解生活环境和工作条件,还要学会自我管理,并形成一种和谐的生活状态。包豪斯培养的学生都是全方位发展的,既有手工艺能力,又能和机器生产相联系,还能进行个性创造,在机器大生产面前依然能保持生产主动性。正像拉兹洛·莫霍利·纳吉在他的《新视觉》一书中所写的:这一阶段的目标仍然是完整的人。一个人——当他面对人生所有物质和精神的问题时——如果其工作不是出于生物中心,那么他会再次凭着本能的安全意识来选择自己的位置。这样他就不会因工业化、紧迫感以及常常被误解的"机器文化"的外在迹象而受到威胁,或因其创造性方式是基于过去的哲学理念而陷于危机。② 由此可以看出

① 资料来源于马谢·布鲁尔在 *Offzett* 杂志上发表的讲稿《1923 年包豪斯的形式与功能》,笔者译。

② 纳吉.新视觉:包豪斯设计、绘画、雕塑与建筑基础[M].刘小路,译.重庆:重庆大学出版社,2014:15.

包豪斯学生在新时代背景下对自我的把控能力,他们能按照自己的理解选择生产、生活。

从1922年开始,格罗皮乌斯重新调整了教育体系方向,明确提出应该从工业化的立场建立教学体系,以理性的、次序的方式取代从前的个人表现方式。1923年,格罗皮乌斯又在教学体系中引入了数学、物理和化学,并将这些学科定为必修课。特别是在包豪斯搬到德绍后,格罗皮乌斯在课程安排上逐渐走向了更加理性、完善的道路,这从当时的课程分类就可以看出:

(1)必修基础课;

(2)辅助基础课;

(3)工艺技术基础课;

(4)专门课题,包括产品、舞台、展览、平面等设计;

(5)理论课;

(6)与建筑专业有关的专门工程课程等。[①]

合理的课程体系,改变了传统僵硬的教学模式,使学生有机会展示自身的创造力。马谢·布鲁尔经过一段时间的工场式实习,了解了各种材料的性能,逐渐发现自己的兴趣特长之所在,在新领域中运用所学理论知识进行工场实验。经过不断探索,他终于在1925年发明了闻名于世的钢管椅——瓦西里椅。这件作品展现出了马谢·布鲁尔在包豪斯所受到的全部影响:方块的形式来自立体派,交叉的平面构图来自风格派,暴露在外的明晰的构架则来自结构主义。这件作品体现出包豪斯的设计精神,成为包豪斯的形象标志之一。

二、工场式的实践训练

包豪斯最大的教育成就在于采用工场式教学,其优点是能够使学生把

---

① 王受之.世界现代建筑史[M].北京:中国建筑工业出版社,1999:177,179.

所学理论和社会经济发展相联系,使设计出的产品最大限度地发挥其实用价值。相对于传统美术学院的重理论轻实践,包豪斯做出了重大突破。

这里引用格罗皮乌斯在《新建筑与包豪斯》一书中阐明的工场式训练的目的,就可看出他强烈期待的是培养那种集艺术、工艺、设计于一身的人才:实习的目的是为学生做从事标准化工作的准备。开始时使用最简单的工具和方法并逐渐掌握必要的知识和技能,以便使用更复杂的工具,最后能操纵机器。但不论在哪一阶段,都不允许他像工场里那些工人不可避免的状态那样,抓不住有组织的生产过程的形成线索。包豪斯的各个工场都有意识地发展与一些工场如康采恩的密切联系,认为这对双方都是有利的。在工场中,学生获得高质量的技术知识的同时,还通过艰苦劳动学到了难得的一课,懂得营利的目的,坚决要求最充分利用时间和生产设备,这是现代设计人员急需考虑的事。服从严酷的现实,这是对共同从事同一工作的工人之间最强有力的约束,这样就能迅速清除学院式的糊涂的唯美主义思想。[①] 这些观点充分表明,格罗皮乌斯认为艺术与工艺是新统一体的观念,并坚定不移地要结合社会现代化生产模式培养出富有实战能力的学生。

当然,要将一些超前的想法付诸现实,少不了观点上的争执。对格罗皮乌斯将学校和工场联合的教育方式,包豪斯图示法大师法尼格就曾有不同的看法。法尼格认为艺术与工艺在作用上根本不同,他认为格罗皮乌斯太注重现实及包豪斯的存在,把精力都放在从外面拉合同上。就连瓦西里·康定斯基也认为包豪斯不应该为这种太重实际的思想所左右。但若从格罗皮乌斯的角度看待问题,或许事情的性质远非如此。一方面,作为学院改革的负责人,肩负沉重担子是不容置疑的客观事实,学院一开始面临的考验就是工场设备的匮乏问题,因此解决经济问题才是重中之重。当时包豪斯所面临的的经济窘

---

① 格罗比斯.新建筑与包豪斯[M].张似赞,译.北京:中国建筑工业出版社,1979:29-30.(由于翻译版本不同,人名略有变化)

况从奥斯卡·施莱默 1920 年的日记中可见一斑:瓦尔特·格罗皮乌斯希望挑选年轻人,然后集结成一个好团队。但不可思议的是工场里面第一次世界大战前那些精良的设备在战争中都被卖掉了,所以现在这里甚至连一架刨台机都没有,可还号称要成为一所"基于手工艺"的学校。至于建筑,即便在最为乌托邦的意义上也难以想象。① 不难看出,经济在当时确是一个迫切需要解决的问题。

从社会大环境层面看,当时德国机器生产力提高,导致失业人数剧增,若无工作效率必将面临失业。在这样一种社会环境下,如果培养的学生不能高效地利用时间和生产设备,被无情淘汰也是朝夕之事。或许这正是格罗皮乌斯所提倡的行动要始终和时代节奏保持一致的思想来源。同时,他还认识到工场式教学的目的是为批量化生产而准备,要求学生能把艺术理论和机器生产工艺相结合。于是,包豪斯工场根据现实情况采取艺术家(形式大师)和工艺大师共同执教的新型组合。包豪斯工场分为木工、细工、金工、编制、陶艺、壁画、彩色玻璃、雕塑、绘画等部门。制造和生产工场主要负责理性的工作,一所工场可以根据现有技术水平决定另一所工场制作什么。学生通过一段时间的手工艺训练后,逐渐能将所学基础理论知识应用到设计中去,创造出独一无二的新时代产品。当然,这和无系统艺术理论知识的一般工人生产的产品有着本质的不同。产业工人由于缺乏艺术理论修养,又无手工艺展示空间,不得不受大工业机械的制约,而包豪斯教育则认为机器是现代设计必然利用的手段,应想方设法与之共处。

1921 年,约翰尼思·伊顿曾参与马谢·布鲁尔所在木工工场的指导工作,格罗皮乌斯亲自担任形体师傅。包豪斯木工工场和其他工场一样,已经具有实验室特征。在这些实验室里,包豪斯期望达成前所未有的、可以同时

---

① O 施莱默,T 施莱默.奥斯卡·施莱默的书信与日记[M].周诗岩,译.武汉:华中科技大学出版社,2019:101.

操控技术和设计的工业和手工艺的合作。该工场接受了多方委托,制作包括各种桌子、椅子在内的日用家具。在培养学生的问题上,伊顿和格罗皮乌斯始终有着巨大分歧,谁都不能说服对方。如在对待创作手工艺作品问题上,伊顿把沉思和对创作的思考看得比作品本身更重要;而格罗皮乌斯却更注重学生是否牢牢扎根于工作和生活,在生活实践中锻炼自己的手工操作,使所创造的产品与现实相联系。这种矛盾经过一段时间的较量后,终于在格罗皮乌斯决定将耶拿城市剧院的制作转给细木工工场时爆发,伊顿也因此于 1922 年 10 月辞去了木工工场带头人的职位,离开了包豪斯。

格罗皮乌斯始终围绕包豪斯建立之初的理念践行着自己的理想,工场的发展方向也一直在他的方针指导下一步步向前推进。工场之间进行合作,设计出了经典习作。这把于 1921 年由纺织工场的根塔·斯托尔策和马谢·布鲁尔合作制作的椅子(附图 2-2),就是两工场早期合作的例子。椅子的座面用斯托尔策编织的彩色条纹覆盖,采用红、黄、黑、灰等色彩交错编织的羊毛条和椅子的黑色搭配得和谐统一,自然协调,以至使人感觉这些彩色条就像是编织在椅子上一样。

理性的培养方式塑造出理性的学生,格罗皮乌斯利用一切机会给学生们提供社会实训项目,以增加他们和社会生活的联系。在包豪斯期间,马谢·布鲁尔有机会研究各种新材料的使用性能,通过细致观察生活,提高了自身创作的能动性,使他在家具设计生涯的初始阶段就把木制家具做得极为出色。

马谢·布鲁尔在包豪斯期间的一些实践活动使他得到不少锻炼的机会。如 1920 年格罗皮乌斯接到一单分包项目,作为建筑甲方的柏林建筑企业家阿道夫·索默菲要求格罗皮乌斯在柏林达勒姆区设计一座别墅。这座别墅的最大特点是全部用木材搭建而成,所使用的材料是从一艘损毁的战舰上回收的柚木,这给室内装饰提供了创作空间。1922 年,瓦尔特·格罗皮乌斯召集他的得意门生们进行内部装饰。马谢·布鲁尔参与其中,设计了索默菲住宅中的桌子和门厅的坐具(附图 2-3)。[①] 他的同学在各自擅长的领域开展创造性的工作,如多蒂·赫尔姆制作贴花窗帘;约瑟夫·阿尔伯斯负责设计彩色玻璃屏风;乔斯特·施密特把村庄名和索默菲公司的名字一起刻在坚硬的柚木上,美观醒目,用以加强归属名称的视觉识别性。这次室内装饰真可谓独具匠心,精致到连门上的浮雕、木质墙裙、楼梯扶手和保温覆层都被设计制作了装饰性刻花图案,为室内装饰效果的丰富性和美观性增色不少,别具一格的视觉体验令人过目不忘。总体来看,整套设计采用了圆形、方形、三角形等最基本的几何形,体现出浓浓的表现主义风格。据说,在竣工仪式上,男士被要求穿着专门的行业协会服饰,女士必须头裹为此次仪式专门设计的头巾,以确保与该住宅风格的统一,体现出强烈的品牌形象塑造意识。这次实践可谓是包豪斯新型教育的一次实战性测试,所有室内设计工程都由学生参与制作,这对于没有实战经验的年轻学生来说充满挑战和刺激。

马谢·布鲁尔参与的另一个重要项目是 1923 年兴建的霍恩街住宅[②],这对他来说同样也是一个重要的锻炼机会。在这个项目中,他将自身的才华毫无保留地展示出来,使老师和同学对其家具设计天赋有了更深刻的认识。

霍恩街住宅项目的起因是当时包豪斯财政吃紧,要求魏玛政府给予贷款,但政府给出的条件是举办一场展览,展示迄今为止包豪斯的所有作品,此以作为资信证明。这对包豪斯来说,是展示自己和扭转局势的机遇。瓦尔特·格罗皮乌斯号召大家立即进入应急状态,共商对策。经专家团提议

---

①　德国包豪斯档案馆,德罗斯特.包豪斯 1919—1933[M].丁梦月,胡一可,译.南京:江苏凤凰科学技术出版社,2017:44.

②　惠特福德.包豪斯[M].林鹤,译.北京:生活·读书·新知三联书店,2001:152.

后他们作出重要决定,即建一座精装修住宅,以便展出包豪斯所有工场的在做项目。经过研讨,包豪斯教师乔治·穆希的建筑设计方案脱颖而出。1923 年 4 月,项目奠基,经过紧张而高效率的工作,他们以惊人的速度在几个月内就完成了建造和装饰工作。这座建筑首次展出包豪斯当时所有工场的作品,由内而外地弥漫着包豪斯气息。霍恩街住宅也因此成为德国新生活方式的第一个实践案例。作为包豪斯的优秀学生,马谢·布鲁尔参与设计制作了全部室内家具。在这次家具设计中,他一改往常强调舒适性的设计,转而强调构造形式,运用彩色框和不同类型的木材强调家具制造的方式,风格简洁统一。如在女主人卧室中用柠檬木和核桃木这两种材料相组合制作的床、通过浅色红木和深色胡桃木的对比设计的梳妆台、带反光玻璃滑动门的书柜、简洁通透的客厅家具(附图 2-4)等,都体现出马谢·布鲁尔运用不同材料的原创力和实践力。在包豪斯师生的共同努力下,这座精装修实验性建筑作品被称作首个德国新型居住方式的完工样板。① 这里面的设计项目均为原创设计,是一个含金量极高的展览项目,大到建筑,小到厨房中的存储容器,风格极为统一,是包豪斯所有成员通力协作的体现。有展示就有评价,评论家保罗·韦斯特海姆曾幽默地感叹:"在魏玛为期三天的展览期间,我仿佛把一辈子的方形都看完了。"② 包豪斯学生安道尔·威宁格尔说:"相比于'老'作品对情感的强调,展出的作品有新的发展——水平与垂直的正交体系、二维性、方形和红色立方体(可以作为私人住宅);简而言之,深受风格派影响。"③ 这些评价都指向一个事实,即几何形的广泛应用,后

---

① 菲德勒,费尔阿本德.包豪斯[M].查明建,等,译.杭州:浙江人民美术出版社,2013:406.

② 德国包豪斯档案馆,德罗斯特.包豪斯 1919—1933[M].丁梦月,胡一可,译.南京:江苏凤凰科学技术出版社,2017:106.

③ 德国包豪斯档案馆,德罗斯特.包豪斯 1919—1933[M].丁梦月,胡一可,译.南京:江苏凤凰科学技术出版社,2017:106.

来这被称为包豪斯风格。但瓦尔特·格罗皮乌斯对"包豪斯风格"这一说法极为反感,他当初建立学院所设定的培养宗旨并非是想宣传任何形式的"风格""体系""教条""程式""时尚",而只为努力使设计焕发活力。[①] 格罗皮乌斯在包豪斯建立之初提出的大家要像乐队那样通力协作,既有统一性又有个性化表达的理想终究得以实现。

格罗皮乌斯曾明确表示,以包豪斯的现状而言,成败在于接受还是拒绝委托任务。他认为,如果包豪斯拒绝向现实世界妥协那将是个错误。[②] 格罗皮乌斯早已深深地意识到包豪斯要想生存,必须要和社会联系的这一现实问题,坚持让包豪斯继续向社会生产和输送工场产品。从 1924 年夏天到 1925 年 3 月间,一些开明的私人个体和托儿机构给包豪斯发出委托任务,订制马谢·布鲁尔和阿尔玛·布歇尔的儿童家具。

工场实践训练的又一成果是德绍时期的包豪斯校舍和教师住宅家具。1926 年,包豪斯迁往德绍,并举行了开幕仪式和展览,开幕仪式上还有戏剧工场提供的剧场演出。包豪斯工场生产了新包豪斯的主楼和教师住宅的所有配件;金属工场提供所有的灯具设计;印刷工场负责制作标志;壁画工场负责包豪斯主楼的装饰工作;细木工工场在马谢·布鲁尔的指导下进行了工作室、礼堂、餐厅和工场所有的家具设计。这里的包豪斯建筑集合了所有艺术门类,格罗皮乌斯提出的包豪斯理念在这次新校舍的建设中得到完美演绎。这次展示令人耳目一新的是由布鲁尔独自设计的瓦西里钢管椅。该钢管椅使用弯曲无缝曼尼斯曼钢管,这种材质可以进行工业生产和组装,座位、靠背上部分使用弧形钢管,相关技术是在当地容克斯公司的帮助下完成。这把座椅一进入大众视线,就引起人们的高度关注,大家普遍认为这把

---

① 格罗皮乌斯.新建筑与包豪斯[M].王敏,译.重庆:重庆大学出版社,2016:74.
② 菲德勒,费尔阿本德.包豪斯[M].查明建,等,译.杭州:浙江人民美术出版社,2013:414-415.

椅子已经远远超越了同时代的座椅技术,并与室内设计风格完美结合。

至此,布鲁尔迈出了在现代居家设计方面决定性的一步,为世界新时期家具设计提供了新范本。从这把钢管椅开始,布鲁尔经过不懈努力,一鼓作气开发了包括在德绍办学时教学楼里的会议室座椅及食堂用的桌子和凳子(附图2-5),以及学生工作室和教师房间中的家具。布鲁尔利用技术和艺术相结合的方法使自己完成了从学徒到熟练工再到大师的发展过程。可见,如果离开工场式训练这个平台,马谢·布鲁尔就不会有这么多社会应用实践的机会。这段学习经历为他在家具设计领域取得卓著成绩打下了坚实的基础。马谢·布鲁尔的成功从另一个侧面反映了工场式训练在机器时代探索的成功。

第五节

第二代大师的诞生

马谢·布鲁尔身处新旧教育培养模式的过渡时期,包豪斯的办学宗旨、功能主义设计理念和独特的教学方法都为他的卓越设计奠定了思想理论基础。

1925年对马谢·布鲁尔来说非同寻常,他的身份发生了变化,他迈出了职业生涯的重要第一步。这一年,布鲁尔硕士毕业后和他的四位同学同时留校任教,正式成为包豪斯的年轻导师,其中四人被委任为主任:布鲁尔担任印刷和广告工场主任,辛涅克·舍珀担任壁画工场主任,尤斯特·施密特担任雕塑工场主任,根塔·斯托尔策担任编织工场主任。[①] 这些工场紧密相连,组合成为包豪斯系统化的培训体系,这五位留校学生是包豪斯教育成功的典型案例,包豪斯培养出了新生代,出色地完成了它的教育使命。布鲁尔从学生转变为教师,融形式大师和工场师傅的技能于一身,并运用包豪斯理念全新教学法继续培养包豪斯学生。

布鲁尔在其设计生涯中也有一系列出色的表现。布鲁尔在物质材料和空间的相互作用方面进行了大胆尝试,移民美国后他完成了多个大型建筑项目,其中也包括室内设计,其作品充分诠释了包豪斯功能主义的设计理念,受到美国人的好评和欢迎。他的建筑作品对世界各地的住宅建筑都产生了深远影响,在家具领域尤以钢管家具而著名。他的早期作品是在本土化和国际化、大与小、光滑和粗糙之间寻求一种和谐。不管在家具还是建筑领域,他使用材料时都强调质地、形状和色彩之间的平衡,他对比例、形状和材料都具有较强的敏锐性。他的作品在很大程度上仍是当代家具、建筑讨论的热点,并极大地影响了他的学生,如保罗·鲁道夫、贝聿铭、菲利普·约翰逊、约翰·M.约翰森和艾略特·诺伊斯、兰迪斯·戈尔斯等。这些学生都在设计领域里像布鲁尔那样表现出各自非凡的一面。如贝聿铭设计了家喻户晓的法国卢浮宫;菲利普·约翰逊、约翰·M.约翰森和艾略特·诺伊斯、兰迪斯·戈尔斯和布鲁尔一起组成了"哈佛五人组",在美国康涅狄格州新迦南进行建筑实践,创造了一项又一项成功的私人住宅设计。这些成绩使马谢·布鲁尔丝毫不逊色于他的前辈老师,也使他跻身于世界现代设计大师的队伍,成为重要的现代主义设计者之一。

---

① 笔者注:直到 1927 年,穆奇离开包豪斯后,根塔·斯托尔策才开始独立负责编织工场。

附图 2-1　1922 年包豪斯的课程设置

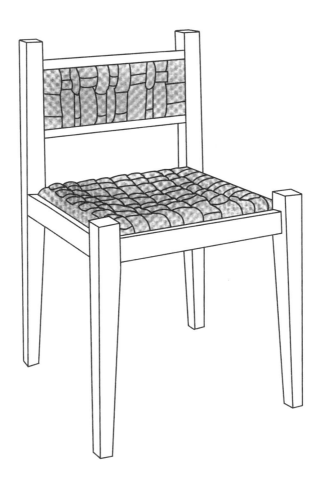

附图 2-2 马谢·布鲁尔与同学根塔·斯托尔策 1921 年合作设计的椅子

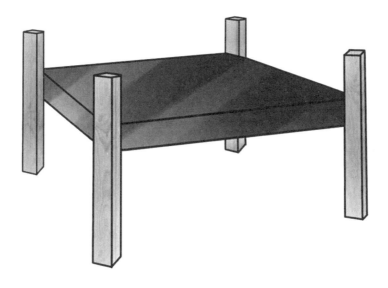

附图 2-3　马谢·布鲁尔 1922 年设计的索默菲住宅中门厅的桌子

附图 2-4　马谢·布鲁尔 1923 年设计的霍恩街住宅的客厅家具

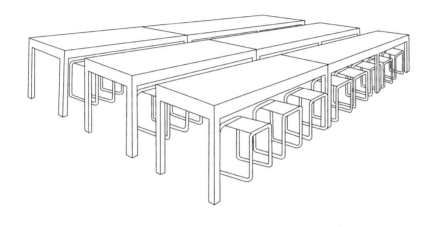

附图 2-5　马谢·布鲁尔 1926 年设计的食堂用的桌子和凳子

第三章

马谢·布鲁尔对包豪斯
教学理念的践行

　　马谢·布鲁尔是包豪斯的第一届学生,优秀毕业生的代表,由学生身份转变为教师身份的典范。他一生都在追随老师格罗皮乌斯,践行艺术与技术相结合,以及设计为大众服务的教育理念,坚持标准化生产和将技术美学融入家具设计的设计理念。他所取得的成绩是个人努力的结果,更是忠实践行包豪斯教育理念的证明。

第一节

包豪斯教学理念的影响

　　包豪斯由瓦尔特·格罗皮乌斯创建,包豪斯的发展过程也体现了格罗皮乌斯的思想转变。从开始尝试建立一个非机械化和人格化的友好合作精神的微型社会,到后来提出艺术和技术相结合并逐渐确立设计为大众服务的设计宗旨,这种转变在包豪斯的教学进程中均有明显体现。格罗皮乌斯的办学思想影响深远,不仅在现代设计史中发挥了重要作用,而且是世界教育史上的楷模。

　　格罗皮乌斯在他的宣言中呼吁建立一个在当时具有远见

文化的新起点,认为艺术应该服务于社会,应该废除个别艺术和手工艺学科的分离。包豪斯的教学不是学术型教学,而是以多元化的教育理念和学生创造性才能的个体发展为引导的创新型教育方式。学术入学条件被取消,每个有才华的年轻人都有机会进入包豪斯学习,不分学历、性别或国籍。这是一个崭新的开始,一切都在格罗皮乌斯构建的理论大厦中有条不紊地进行。他以独特的办学思想将传统的纯艺术教育转型至艺术和技术相结合的实践型教育,深刻践行了功能主义设计理念,迎合了机器时代的设计需求。他追求经济、简洁和实用,成为公众利益的设计代言人,探索出激发建筑师和设计师灵感的设计思想,并最终形成现代主义设计风格。在教育方式上,包豪斯打破了陈旧的学院式美术教育框架,展开了一系列重要的基础课教育改革,有效地开发了学生的潜能,并取得较为理想的效果。

一、艺术和技术相结合

瓦尔特·格罗皮乌斯在包豪斯成立之初的纲领中明确指出包豪斯的办学宗旨:包豪斯力争把一切创造性的努力统一起来,力争把雕刻、绘画、手工业和手工艺这些实用美术的原则重新统一成一个新建筑艺术的不可分割的组成要素。包豪斯打算培养各种水平的建筑师、画家和雕塑家,使他们成为有能力的手工艺人或独立的有创造性的艺术家,形成一个带动潮流的、未来的艺术——手工艺家们的工作集体。这些人,亲同手足,知道怎样设计一座包括结构、装修、装饰和家具等总体上和谐的建筑物。① 这个办学宗旨反映出瓦尔特·格罗皮乌斯已意识到传统的学院式教学培养出的学生没有什么生存技能,只有对他们进行适当的实用技能训练,才能使他们成为对社会有用的人。英国设计史学者吉利安·内勒曾经写道:"包豪斯成立之际,正值第一次世界大战结束之后,乐观主义和理想主义正在复苏。它志在训练一

———————————
① 奚传绩.设计艺术经典论著选读[M].南京:东南大学出版社,2002:180.

代建筑师与设计师,接受 20 世纪的要求,为满足这些要求提前做好准备;它志在利用一切资源,包括技术的、科学的、知识的和美学的,以创造一个新的环境,满足人类的精神与物质需求。"①可见,在当时的社会经济背景下,艺术与技术结合是艺术教育获得发展的趋势,是基于理性的社会认识,而非哪一个人的乌托邦情怀。包豪斯的优秀毕业生阿尔伯斯回忆当年来包豪斯时写道:"这个名字明显地包含了'学术'之外的东西,也不像称之为'研究所'或'学院'那样让人望而生畏。它不叫'工坊',虽然它确实是工坊性质,但仅仅谦虚地称自己为一座'房子',而且很有特点的是,不是艺术之家或是手工艺之家,也不是二者合而为一,而是'包豪斯',一个'建筑之家',而且也是形式和设计之家。"②包豪斯的建立在当时具有很大创新力和吸引力,它蕴含着有志青年的理想和向往,备受青年一代的追捧。

瓦尔特·格罗皮乌斯为把他的理想付诸实践,在教学理念上强调艺术家要考虑工业生产和建设的实用目的,而且强调要张扬青年一代的个性。他主张学院的主要目的是使学生具有完整的认识生活的能力。同时,格罗皮乌斯认为包豪斯负有双重责任,既应该使学生充分意识到自己所处的是怎样的时代,也应训练他们运用自己的天资和知识去设计各种模型,以直接表现时代性的思想意识。③ 于是,在学院发展的早期阶段(魏玛时期),格罗皮乌斯聘请了大批具有乌托邦思想的艺术家任教,在教学改革中强化学生的个人思想和创造力;实践课上则采用形式大师和工场师傅共同指导的工场式训练,即艺术和技术相结合的训练方法,而非采用大规模的机械化生产训练。简单的机械操作只会使学生沦落为"工具式"的普通工人。格罗皮乌斯的目的是希望通过新

---

① 希利尔,麦金太尔.世纪风格[M].林鹤,译.石家庄:河北教育出版社,2002:55.

② 菲德勒,费尔阿本德.包豪斯[M].查明建,等,译.杭州:浙江人民美术出版社,2013:176.

③ 格罗比斯.新建筑与包豪斯[M].张似赞,译.北京:中国建筑工业出版社,1979:36.

型办学方式完成技术和艺术相结合的教育试验,培养出富有理想主义色彩的、能够为更加完善的新社会提供服务的新型设计人员,以促进德国工业和贸易发展。可喜的是,后来一系列成功的设计项目表明,按这种方法培养的学生在个性化创造力方面与众不同,能胜任较为复杂的设计局面,并将设计作为艺术整体看待,表现出非凡的创造力。

　　马谢·布鲁尔从包豪斯建立之初就身处其中,受到格罗皮乌斯教学理念的影响,深切认识到艺术家与社会完全分离是不合时宜的,只有顺应机械化大生产的趋势,艺术才有价值。于是,马谢·布鲁尔自愿放弃了绘画,积极投身到对设计活动的探索研究中。这正如他在包豪斯的老师奥斯卡·施莱默在日记中所记述的那样:"马塞尔·布劳埃已经自愿放弃了绘画,这一行他本来大有可为,转而去制造壁柜……"①在其后的家具设计生涯中,马谢·布鲁尔始终如一地遵循艺术与技术相结合的设计理念。从他发表在 *Offzett* 杂志上的讲稿《1923年包豪斯的形式与功能》中可以看出其对艺术与技术关系的独特认识:发现某些纯技术的产品比一些艺术作品更美。所以,艺术家说艺术是美妙的,技术是美妙的,两者加在一起一定是两倍的美妙。艺术和技术,是一种新的统一。要达到这种统一,艺术家必须成为一名技术人员。

　　显而易见,马谢·布鲁尔认为,艺术和技术之间的关系是协调统一的,两者相互协作创造出来的产品才会更加完美。

　　同时布鲁尔还认为,绝大多数人不知道自己的需求,但当这些需求得到满足时他们却能感到快乐。他还指出,人们未被满足的需求并使其成为可能的想法,是每项创造性工作的先决条件。机器和工业的出现只是为了满足人们的需求,设计也是由需求决定的,即首先要去发现人们的某种需求,再把设计活动和机器生产紧密结合,寻求恰当的生产工艺,努力探索新材料的开发使

---

　　①　惠特福德,等.包豪斯:大师和学生们[M].艺术与设计杂志社,编译.成都:四川美术出版社,2009:171.

用,将产品的艺术形式融于机器加工工艺和产品的结构中进行表达。布鲁尔一直追求简洁的设计效果,致力于标准化大生产,设计出一件件令世人推崇、符合新时代审美观的经典家具作品,成为艺术与技术成功结合的典范。

二、为大众服务的宗旨

马谢·布鲁尔就读时期的包豪斯,成立于第一次世界大战刚刚结束后的德国魏玛共和国。包豪斯在当时的环境下逃脱不了政治因素的影响,况且校长瓦尔特·格罗皮乌斯本人最初还带有社会改革的理想。在这种背景下,包豪斯发展经济、节约开支的问题亟待解决。格罗皮乌斯结合社会现状进行了一番思考,提出了自己的建筑设计指导思想,即运用新材料和设计技术建造集体建筑。他认为,集体建筑不单是技术问题,更是应对政治、经济和社会的挑战,他提出城市规划新观念,摆脱多余装饰,通过立体布局展现时代特征,不难看出其中的民主主义意识。在这一思想引领下,包豪斯开始通过实践探索把工学精神融入美术中去,强调设计师必须熟悉加工工艺,产品能够满足大生产,设计要迎合标准化、系列化、典型化的要求。包豪斯设计思想的核心是为大多数底层人民服务,提倡简朴节约,设计的产品必须价廉、结实、耐用、质量高。这些宝贵的思想无不处处反映出格罗皮乌斯对社会发展和民众生活的关心。美国理论家汤姆·沃尔伏评价,1919 年,瓦尔特·格罗皮乌斯创建包豪斯于德国首都魏玛。它其实不止是一个学校,也是一个公社,一项精神运动,各种艺术形式的改革运动,一个可与艾庇克拉斯学园相比的哲学核心,而其中的艾庇克拉斯则是瓦尔特·格罗皮乌斯。①

作为十一月学社艺术工作主席,瓦尔特·格罗皮乌斯的任务是集合各种艺术于伟大的建筑学之翼下,使其成为全民的事业。拉兹洛·莫霍利·纳吉及其他设计师们先后来到包豪斯,投奔到瓦尔特·格罗皮乌斯的门下。作为

---

① 沃尔伏.从包豪斯到现在[M].关肇邺,译.北京:清华大学出版社,1984:8.

十一月学社的成员,他们的主旨十分清楚:"画家们!建筑师们!雕刻家们!你们由于自吹自擂,谄上傲下,令人讨厌的作品而得到了资产阶级的重赏。听着!这些钱浸透了千百万被驱赶、被压榨的穷人的血汗和精力。听着!这是肮脏龌龊的钱……我们要成为社会主义者,我们必须燃起社会主义的崇高精神:四海之内皆兄弟也。"[①]

　　在包豪斯的办学初衷和教育宗旨下,马谢·布鲁尔顺理成章地接受了设计为大众的思想。事实证明,在相当长的时期内,他始终忠实地遵循着格罗皮乌斯的这一思想宗旨。那时,年轻的马谢·布鲁尔个性并不张扬,性格也比较温和,十分容易地融入了当时的群体意识中。他自己也曾说:"即使我尽我的努力去做,我仍然看不出时代的混乱,尽管有的画家拿不定主意究竟该选择写实画风还是抽象画风,但这并不意味着混乱无序。我们的需要是再明确不过的,可能性不过是受限于我们自身,我们应该雪中送炭,把我们自身的力量投入到原本过于简单的只从纯经济角度考虑问题的方式上。"[②]由此看出,这时的他早已目标明确,把经济因素作为设计思考的主要参照,抛开杂乱无章的各种现代艺术风格和工业革命引发的转型期生活现状的干扰,一心一意投身到为大众服务的事业中去。他认为,一个人不需要技术知识来构思一个想法,但一个人确实需要技术能力和知识来发展这个想法,构思想法和掌握技术不需要相同的能力,但是在缺乏所需的东西时应采取行动,并利用拥有的潜力找到经济的和连贯的解决方案。尽管后来他设计的家具产品因价格原因没有在大众中普及,甚至成为中产阶级高品质生活的象征,但布鲁尔以经济为首要考量的设计宗旨不曾改变。

---

① 沃尔伏.从包豪斯到现在[M].关肇邺,译.北京:清华大学出版社,1984:11.
② 惠特福德,等.包豪斯:大师和学生们[M].艺术与设计杂志社,编译.成都:四川美术出版社,2009:171.

第二节

包豪斯设计理念的实践

　　包豪斯教育不断发展完善了功能主义的设计理念,逐步形成现代设计的主要特征,包括:降低产品制作成本,减少不必要的装饰;强调功能为设计的中心和目的;为利于标准化生产而采用简单几何造型;采用黑、白、金属色等中性色彩等。在家具设计上,马谢·布鲁尔将现代精神融入自己的设计作品中,以标准化生产和技术美学观念作为思考方向,创造出代表新时代的家具设计范型,通过自身实践丰富和发展了功能主义设计理念。

一、对标准化论争的回应

1919 年包豪斯的成立解决了如何把工学精神融入艺术中的疑问。包豪斯崇尚将产品构件按标准化的形式进行生产，在满足大众需求的同时，还能产生巨大的经济效益。虽然标准化生产拥有种种优点，但在从旧式传统手工业生产走向机器大生产的过程中，生产方式的变革冲击着人们原有的审美观念，标准化生产理论的诞生也经历了一番周折。

传统手工业阶段的人们习惯了手工艺灵活多变的制作方式，他们对家具的要求是做工精巧、装饰华丽、图案丰富。但当以机器为主导的生产方式逐步占据主要地位后，机器的批量生产导致了产品艺术性的缺失和消费者艺术品位的降低。面对这个现实，处在转型期的人们普遍感到难以接受和迷茫，因而对标准化生产一直存有争议，争议的焦点主要限于产品本身所体现的文化内涵和艺术性等问题。有些设计师认为，设计应以审美性、感性为存在的目的，鼓励独立设计中的自由和创造性的艺术表现。也有些设计师认为，标准化会消除文化差异，毁灭个性。而瓦尔特·格罗皮乌斯是标准化设计的极力倡导者，他认为，标准化并非文化发展的一种障碍，而是一种迫切的先决条件，是社会发展所必需的，大众生活中的主要日常物品的造型设计不需过多的感性色彩在里面，而是需要满足其主要功能。他对标准下了一个定义：所谓标准，可以释义为，任何一种广泛应用的东西经过简化，融合了先前各种式样中的优点而成为一个切合实际的典型，这个融合过程首先必须剔除设计者们有个性的内容及其他特殊的非必要的因素。……历史上所有伟大的时代，都有其标准规范——即有意识地采用定型形式——这是任何有教养和有秩序的社会的标志。因为毫无疑问，为同样的目的而重复做同样的事，会对人们的心理产生安定和文明的影响。……一个公认的标准，是比已综合进去的任何个别原型更为成熟更为肯定的范本，往往可以成为整个时期正式的共同标准。^① 由此可以看出,格罗皮乌斯是想建立一种秩序,并以计划好的方式去使其标准化,从而解决生产中的困难、合理地安排和组织生活。他进一步指出,形式对个体的限制,就像将时尚的衣服制服化一样,无须对此感到害怕。尽管有单个部分典型的一致性,人们仍保有个体变化的空间。因为根据自然竞争,个体的选择仍留在那些最合适的样式上,所以单个物品已有的标准模型还是如此丰富多样。^② 这说明功能决定着形式,而在众多的标准化造型里,人们总能找到功能和形式结合得最好的那种样式。因此,在格罗皮乌斯眼里,人们无须对标准化避而不及,而应接受并发展,这样才能满足社会的需求。同样支持标准化的另一位设计师是法国建筑师勒·柯布西耶,他对标准的理解是:为了完善必须建立标准。他还认为,标准是人类劳动中必需的秩序。建立一个标准,就是穷究所有实际和推理的可能性,演绎出一种公认的型制,适合于功能,效益最高,而对投资、劳力、材料、语言、形式、色彩、声音所需最少。^③ 1922 年,奥斯卡·施莱默在日记中记录了他对机器和技术时代的手工艺术品的思考,他认为人们已经不能复活中世纪的手工艺,就像不能复活中世纪的艺术一样,一切艺术作品需要改造自身来适应周边环境,在机器和技术的时代,手工艺术品将会是富人的奢侈品,缺乏广泛基础,也无法植根于大众。机器工业提供了手工业曾经提供的东西,或者只要它充分发展就终将提供这些东西:标准化,由地道的材料制作而成,功能可靠。^④ 时代在进步,机器和技术的作用终将渗透人们

---

① 格罗比斯.新建筑与包豪斯[M].张似赞,译.北京:中国建筑工业出版社,1979:7-8.

② 格罗皮乌斯,纳吉.包豪斯工坊新作品[M].蒋煜恒,译.重庆:重庆大学出版社,2019:6-7.

③ 柯布西耶.走向新建筑[M].陈志华,译.西安:陕西师范大学出版社,2004:113,115,116.

④ O 施莱默,T 施莱默.奥斯卡·施莱默的书信与日记[M].周诗岩,译.武汉:华中科技大学出版社,2019:165.

的日常生活,大众的需求依靠可靠的功能获得满足,能提供功能可靠的物品的标准化生产成为新时代的唯一可行方案。

经过论争后,建立在功能主义观念基础上的标准化生产方式被确立下来,许多当时流行的标准化倡议在包豪斯被大力采纳,包豪斯师生共同以自身实践证明了标准化生产的可行性。例如,包豪斯师生设计和制造了宜于机器标准化生产的功能性物品——家具、灯具、玩具、陶器、纺织品、金属餐具、厨房器皿等工业日用品,也在纸的大小、色彩、字体和函件上有所体现。这些物品大多达到式样美观、高效能与经济的统一的要求,社会反响强烈,市场效果很好。人们最终摆脱掉了手工艺时代的束缚,以崭新的现代设计思想走入大工业时代。诚如瓦尔特·格罗皮乌斯所言:"生活的有实效的机器实行了标准化,这并不会使每个人必然地变为机器人,而是相反,使人的生存从大量不必要的重负下解脱出来,从而使他能更自由地在更高水平上得到发展。"[1]具有长远眼光的格罗皮乌斯不仅仅满足于现状,他要不断地设计出专门面向大批量生产的物品。"我们的目标是要去除机器所带来的每个缺陷,而同时又不摒弃它的任何优点。我们意在实现优良的标准,而不是创造出转瞬即逝的小玩意儿。"[2]德国当代设计家弗朗索瓦·布克哈特指出,德国设计之所以有实力,就在于它把实证科学和批量生产结合了起来……德国设计的根基就是理性主义的"启蒙"思想,科学和经济是其根基所在。[3]

作为包豪斯的学生,马谢·布鲁尔接受了标准化生产的思想,他相信工业化大生产必将给现代人带来巨大的经济收益和便利的生活方式,因此他致力于家具设计的规范化与标准化。马谢·布鲁尔所在的家具工场是包豪斯第一批接受标准化改革的工场之一,他在1922年做学徒时设计的板条椅

---

① 格罗比斯.新建筑与包豪斯[M].张似赞,译.北京:中国建筑工业出版社,1979:37.
② 格罗皮乌斯.新建筑与包豪斯[M].王敏,译.重庆:重庆大学出版社,2016:37.
③ 李砚祖.外国设计艺术经典论著选读:下[M].北京:清华大学出版社,2006:199.

(附图 3-1)就是在工业化大生产思想的影响下思考而设计的。整把椅子由木条组合而成,具有结构简洁,轻便、经济的特性。椅子的每个横断面都相同,使用了少量的织物,便于机械批量生产。为满足舒适性需求,马谢·布鲁尔进行了一系列功能分析,如柔软织物的靠背和椅面能产生弹性,能保证不同体重的使用者避免脊柱受到压力而不舒服。座位的倾斜角度设计,使人在坐下时身体微微后倾,避免身体重量全部落在腰部而产生劳累感。在整个设计中,只有肩胛骨部位和后背的一小部分有弹性支撑,减轻了脊柱压力,使人能够得到完全放松。这把椅子响应了瓦尔特·格罗皮乌斯制作实用物品的呼吁,成为包豪斯早期作品的代表。

　　从 1925 年起,布鲁尔开始实施家具类型的模块化计划(附图 3-2),系统进行家具的标准化研究。他和格罗皮乌斯一起,推行单位结构,每个模块都遵循特定的比例,可拼可拆,即技术上简单但功能上复杂的整体,试图最大限度地发挥家具的使用功能,合理利用室内空间。1926 年,包豪斯工场在多登设计一个示范公寓,其内部家具就是马谢·布鲁尔采用不同色彩的抛光木制作的标准化家具。马谢·布鲁尔在 1928 年曾写道,各种型号都是以同样的标准制造的,基本零件均可方便地拆下互换。[1] 标准化部件可以拆分组装,形式多样,制作简单,因此大大提高了生产效率。此外,他大胆运用现代设计语言以适应标准化生产的做法,迎合了民主时代人们对简洁产品的需求,这正是其产品备受欢迎的内在原因。由此可见,马谢·布鲁尔是标准化产品设计和生产的忠实实践者。他后来设计的众多家具作品,其构思多立足于机器大工业生产的技术条件,带有明显的时代特征:弯曲的钢管、挤压的胶合板材、简洁的几何形式和轻巧的重量,处处显露出机器大工业标准化批量生产的印迹。

---

　　① 何人可.工业设计史[M].北京:北京理工大学出版社,2000:116.

由此,我们可以得到这样的启示:时代的进步必然伴随着先进的生产方式,只有以包容的心态迎接新文化的到来,利用创新力量克服新事物诞生之初所带来的不足,创造顺应科技变化的设计语言,才能使产品更好地为人类服务。

二、技术美学融入家具设计

在工业社会的初级阶段,技术和艺术未能在产品生产中有机地结合,设计者对产品美学属性的追求局限于用中世纪传统纹样进行的装饰。正如威廉·莫里斯认为的那样:优秀的产品只能到中世纪的手工艺品中去寻找,美感只会存在于工匠花费大量时间打造的产品之中。当时人们还未认识到产品自身结构所体现的美感。

然而,对产品功能的偏重会不会忽略美感呢? 从技术的层面上讲,由于机器生产中的工艺限制,原来传统手工制作的产品中古典风格的装饰及任意曲面无法实现,这就要求产品必须呈现出一种新的美学特性才能满足人们的审美需求。这种情况下,工业设计先驱展开了对机器美学的探讨。

经过以穆特修斯为代表的德意志工业联盟成员的激烈讨论,最终确立了一种全新的审美理念——技术美学。他认为首先要搞清楚每一种东西是什么,从而由这一目的出发合理地发展出它的外形。他把物和形看成两个范畴,例如:建筑师先根据可用原则进行造型,然后用美的感觉中产生的秩序规整感来改变它的外形,把不和谐变为和谐,去掉紊乱的东西,弥补缺陷;要把工程师造的东西变得美,不是靠一车装饰物,而是在于体现它的内在本质特性。① 也就是说功能决定形式,任何添加于功能结构之外的装饰都属繁冗拖沓,真正的美感产生于比例、秩序所达成的和谐。后来,瓦尔特·格罗皮乌斯在此理论基础上又进一步发展了技术美学概念。他认为,新的外形

---

① 李乐山. 工业设计思想基础[M]. 北京:中国建筑工业出版社,2001:29.

不是任意发明的,而是从时代生活表现中产生的,这种生活表现不再是穆特修斯所称的社会文化的资产阶级的俭朴,而是技术和经济的目的理性,现代技术、能源和经济必然影响到艺术形式。① 他把形状美的关键归结为它的比例性,主要使用简单几何化形状和有限的纯正装饰。除此之外,几何美还表现在几何光顺美,材料在阳光下产生均匀的反光,就是这种美感的体现。在产品设计的审美原则上,密斯・凡・德・罗也曾一再提出"少即是多"的设计理念,他认为,"经济"意味着视觉效益。好的设计可以一眼让人看出建筑的用途。将装饰、象征主义和姿态抹掉,留下的便是纯粹的骨架:质地、颜色、重量、比例和轮廓。② 好的设计标准要功能明确,细节设计从属于产品功能,提高新材料、新技术的应用和工序的有效性,这是技术和艺术相结合的功能主义设计思想的进一步发展。同时,这也说明和强调了功能主义简洁、经济、理性的特征。这些理论都为技术美学的发展打下了良好的基础。包豪斯第一任大师奥斯卡・施莱默曾于1923年在日记中对科学与艺术联姻这个问题做出思考:"科学原则在艺术上的运用如今已经很普遍,涉及基本形式、法则、数据化的配置。任何与灵魂相连的东西都已然变得可疑。如果把这类科学的方法应用到人类形象中,就会产生人们期待在卫生学展览上看到的东西:对运动中血液循环的描绘,灵魂的运动就被如此描绘出来,以便'提高自我意识的水平'。作为一个同样完美的版本,它与希腊雕像正好相反。"③这是一个日趋理性化的时代,艺术被形式、法则、工艺、数据等因素制约,相比机器时代之前的任何抽象的不可描述的事物现在都可被清晰化表现。虽然希腊雕像也重视比例、简朴、典雅的美学法则,总体呈现出"高贵的

① 李乐山.工业设计思想基础[M].北京:中国建筑工业出版社,2001:30.
② 斯莫克.包豪斯理想[M].周明瑞,译.济南:山东画报出版社,2010:14.
③ O施莱默,T施莱默.奥斯卡・施莱默的书信与日记[M].周诗岩,译.武汉:华中科技大学出版社,2019:178.

单纯,静穆的伟大"的理想主义美学特征,但技术时代正好相反,因强调科学技术生产和经济效应,美学特征取而代之以统一、规范而严谨的秩序美和技术美。

技术美学在德意志工业联盟和包豪斯得到全面发展,主要涉及几何形式美、材料美、机器加工工艺美、表面光洁美、表面肌理美、表面光顺美和色彩美等方面。其中,几何美是机器时代的象征,机器制造的几何美主要在于几何完美;材料美主要是指工业材料具有的独特美的特性,如玻璃表现出平静和清新,海绵表现出的温暖与柔和等。机器加工工艺美则指各种表面加工工艺所表现出来的特有的美感,例如抛光、表面纹理装饰、电镀等。色彩美则指从产品的感知方式、心理学和文化意义上发生作用。

马谢·布鲁尔在包豪斯学习过程中,受到了技术美学观念的熏陶,这在他的一系列家具作品中得以体现。他认为,艺术和技术各有其美,两者相结合后会创造双倍的美。因此,他不仅仅是技术美学的受益者,同时还是技术美学的实践者和倡导者。其著名的钢管椅就是体现技术美的范例,简洁的框架结构、光亮的金属质感、电镀工艺的使用和符合人体工程学的比例尺度无不透漏出技术美的痕迹。从机器特性出发考虑产品设计形式是包豪斯时代设计的逻辑起点,主张创造新的形式,崇尚机械美学,用纯净的几何形式来反映工业时代的本质特点,象征机器的效率和理性,这为布鲁尔家具设计的形式语言打下基础。马谢·布鲁尔继承、发扬了包豪斯设计思想,立足于技术美学理论提出的简洁、秩序及机器本身所体现出来的理性和逻辑性,将材料本身所呈现的不同特性和机械加工工艺相结合,设计出产品形式和功能完美结合的佳作,实现了将美感的属性潜化在产品结构和造型中这一准则。

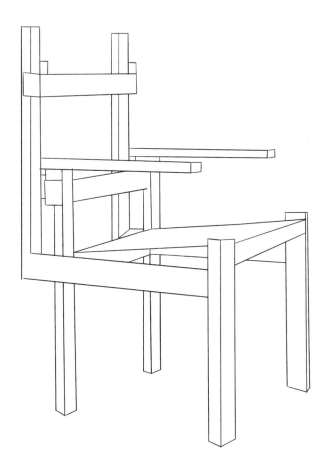

附图 3-1　马谢·布鲁尔 1922 年设计的板条椅

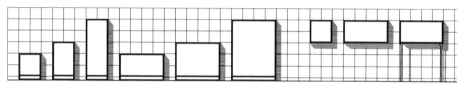

正视图

附图 3-2　马谢·布鲁尔 1925 年起开始实施的家具类型的模块化计划

第四章

马谢·布鲁尔的家具设计
活动及分析

马谢·布鲁尔一生硕果累累。在他的家具设计生涯中，对新材料和新技术手段的尝试和应用从未间断过，这是设计师对所处工业社会发展的合理回应。他的家具设计能够博得世人的肯定和赞誉，除去简洁的形式和舒适的功能外，新的材质和工艺也是构成其独特面貌极为重要的方面。在家具设计生涯的初始阶段，马谢·布鲁尔就擅于突破旧式木制家具的设计语言，首创钢管家具。此外，他对其他的家具材料，如铝材和模压胶合板的探索也卓有成效，并且致力于家具与建筑部件的规范化与标准化，先后设计出一系列结构单纯简洁的标准化家具作品，对人们生活方式产生很大影响，是一位真正的功能主义者和现代设计的先驱。这都归功于他对工业时代发展新趋势的准确把握。

第一节

马谢·布鲁尔的
家具设计活动

马谢·布鲁尔的家具设计活动主要集中于设计生涯的前17年,即从 1920 年进入包豪斯至 1937 年去美国哈佛大学教书的这段时间。这期间,布鲁尔因首创钢管椅而在家具设计领域名声鹊起。马谢·布鲁尔自进入包豪斯学习时起,就没有停止过对现代主义设计的探索。布鲁尔最初的设计受到表现派、风格派的影响,如 1921 年身为包豪斯学员的他和另一位同学——编织作坊的高材生根塔·斯托尔策合作设计了一把用色彩亮丽的橡木和华美纺织品精制而成的非洲椅（附图 4-1），这是马谢·布鲁尔入学后的第一件作品。设计采用了木质构架，坐垫、靠背和扶手部分采用编织材料，色彩热烈奔放，造型粗犷简朴，带有明显的非洲原始风格，体现出早期包豪斯追求单一风格的探索精神。

马谢·布鲁尔在包豪斯学习的四年中，受表现主义、结构主义、风格派等先锋派艺术观念的影响很大。如教基础课的教师约翰尼思·伊顿是表现主义的代表人物；教师瓦西里·康定斯基和保罗·克利是抽象派表现主义画家；杜斯伯格是风格派的代表。通过和这些教师接触，马谢·布鲁尔逐渐接受了现代主义设计理念。最初，他较多使用实木制作家具，如 1922 年他设计的名为板条椅（附图 3-1）的扶手椅，这把椅子在很大程度上追随了荷兰风格派设计师里特维特的设计风格，体现了风格派结构明确、形式简练的特征。同时，也反映出他对里特维特设计理念的进一步发展，即形式更为单纯。

随着科学技术的不断发展，钢铁作为一种崭新的建筑材料被越来越多地应用到建筑物上。钢筋混凝土、预制钢构件、平板玻璃等都为现代建筑提供了必需的材料基础，家具设计在技术和材料革新的推动下也发生了一系列变化。19 世纪中叶，家具设计师对弯曲木的开发和铁、金属、复合纸、大理石等材料的应用，对 20 世纪家具的发展产生了积极的影响。钢产量的逐年增加使钢管被广泛应用于工业产品的制造，这些技术的发展为马谢·布鲁尔探索新材料的应用提供了丰富的平台。1925 年，23 岁的马谢·布鲁尔终于设计出家喻户晓的瓦西里椅（附图 4-2）。这是将新材料无缝钢管用于家具制作的范型，一上市便引发了轰动，布鲁尔本人也因此名垂史册。

瓦西里椅的诞生使马谢·布鲁尔的设计生涯发生了重大转折。此后，他继续探索弯曲钢管的开发利用。1927 年，他设计了瓦西里椅的折叠版本

（附图 4-3），其制作材料有弯曲的镀镍钢管、帆布、织物、皮革。这把椅子实际上是欧洲折叠样式和中国折叠样式的综合。[①]

为增强座椅的使用寿命和牢固性，马谢·布鲁尔于 1930—1931 年对瓦西里椅进行了改进，在椅子两扶手落在地面的钢管之间新增了一道钢管横梁（附图 4-4）。

马谢·布鲁尔始终以孜孜不倦的精神进行家具设计的探索。以镀铬钢管为支架和纺织品为座面相结合的凳子和休闲椅在瓦西里椅后相继登场，其中最引人注目的是他在 1928 年设计的悬臂镀铬钢管皮革面休闲椅，即 B33 悬臂椅（附图 4-5）。这件作品是在马特·斯坦 1926 年设计的悬臂椅（椅子框架取材于坚硬的煤气管，见附图 4-6）的基础上改进的，座椅舒适度更高，商业效果极佳，普及率很高。在此后的家具设计生涯中，他继续延用钢管、皮革、纺织品结合的设计思路，设计出大量功能良好、形态各异、造型现代化的新式样家具，包括椅子、桌子、茶几等（附图 4-7），得到了人们的普遍认可。

马谢·布鲁尔在用弯曲钢管设计出系列家具后，又对铝材和模压胶合板等其他新材料进行了尝试。1933 年，他在瑞士用铝材作为构架材料设计了休闲椅等家具，受到人们的普遍欢迎。同年，他参加了在巴黎举办的铝制家具国际设计竞赛，参赛的桌子、普通椅及休闲椅等优秀作品获得了多个奖项，但这组铝制家具投入生产线的时间并不长。1933 年，芬兰大师阿尔托在英国展出胶合板家具，马谢·布鲁尔观后感触颇多。阿尔托利用层压胶合板制成的悬挑结构打破了只有钢材才能制作悬挑结构椅的神话，胶合板经过合理的技术加工同样可以弯曲和拥有足够的强度，而且产品在人的视觉和心理上产生更为舒缓和人性化的效果。马谢·布鲁尔受阿尔

---

① 方海.现代家具设计中的中国主义[M].北京:中国建筑工业出版社,2007:156.

托的影响,从 1935 年起开始利用胶合板的特性设计制作了一系列形式优美、功能舒适的作品。那时,布鲁尔已去英国,与英国建筑师约克合作,为伊索康公司设计了一系列胶合板制家具,如胶合板椅(附图 4-8)、胶合板扶手椅等。

　　1937 年,马谢·布鲁尔到了美国,他在设计建筑的同时,依然没有放弃对家具的设计,而且更强调家具细节设计,注重家具与室内一体化效果。他在 1953 年设计的纽曼住宅,以弯曲的低矮石墙与蓝色、红色和白色的建筑平面为特色,其中桌、沙发、床、橱柜等家具,都和建筑及室内风格保持一致。马谢·布鲁尔坚定地贯彻着包豪斯将新技术和实用美学相结合的现代主义设计理念。

第二节

马谢·布鲁尔的
家具设计分期

马谢·布鲁尔在包豪斯的学习经历使他对家具设计的功能主义有着深刻的理解,他通过具体的实践不断完善作品造型,使作品达到形式和功能的协调。依照马谢·布鲁尔家具设计风格的变化,可以将其设计历程分为三个阶段。

一、第一阶段(1920—1924 年)

本阶段可以称为风格追随期。此时,马谢·布鲁尔刚进入包豪斯学习,处于积极汲取新知识的学习阶段,尚未形成自己成熟的设计理念,设计作品中流露出对他人风格模仿的印迹。布鲁尔在包豪斯学习期间,正逢现代艺术运动非常活跃之时,人们对纯艺术领域中式样和风格不断变换的追求很快影响到设计领域。布鲁尔此时的家具设计风格也因此受到影响,体现出很强的原始主义风格、表现主义特征和对荷兰风格派的追随。

当时学院规定学生在完成基础课程学习且成绩合格后,方被允许到各工场接受实践性训练。马谢·布鲁尔由于成绩优秀,于1921年夏天成为加入新家具工场的六个学徒之一,这为他进行家具设计探索提供了良好的学习条件。当时原始主义风格比较盛行,布鲁尔设计了他进入包豪斯工场后的第一件作品非洲椅。这把椅子是用斧头砍下来的树枝做成的,整件作品由手工雕刻的木头和华美的纺织品结合制作而成,流露着强烈的原始主义风格气息,并且成功地将包豪斯的理念——艺术和技术运用其中。与此同时,荷兰风格派提倡采取绝对抽象的原则,认为艺术应完全消除与任何自然体的联系,用基本几何形象的组合和构图来体现整个宇宙和谐的法则。第一次世界大战后,荷兰风格派代表人物特奥·凡·杜斯伯格广泛地进行演说,对魏玛包豪斯的一些学生、教员以及其他地方的艺术家造成了明显的影响。杜斯伯格在包豪斯的讲学观点激进,他反对手工技艺,而支持现代工具——机器。他强调直线的使用,认为在艺术与建筑中应该只使用并且一直使用水平和垂直的线条,以便创造出一种消除个体主义的集体主义风格。这使年轻的马谢·布鲁尔对艺术的看法产生了新的理解,这一时期他的家具作品中明显以直线和水平线为主。

此外,风格派代表皮特·科内利斯·蒙德里安的艺术思想对年轻的马谢·布鲁尔来说也非常具有吸引力。蒙德里安在艺术上的主张是:只使用黑、白或灰色进行艺术语言的表达,同时限制使用表达个人情感的曲线,以矩形为基本的形式,采用非对称式的构成。这些艺术理论对马谢·布鲁尔产生了较大影响。马谢·布鲁尔 1923 年设计的梳妆台(附图 4-9)采用非对称式结构,除镜子采用圆形之外,其他部分均以矩形为主要构成形式;1924 年设计的一款木材和轻质胶合板结合的简便椅子,椅背、椅面上的胶合板为黑色,椅腿和椅背为白色(附图 4-10),体现了蒙德里安的艺术主张。另外,奥地利著名设计师约瑟夫·霍夫曼 1908 年设计的以几何形态为主要特点的"机器椅"家具,也直接影响到布鲁尔的钢管椅设计。

影响马谢·布鲁尔的另一位人物是荷兰风格派的代表里特维特。他是一位家具制造商和建筑师,在传统木工和细木工领域具有较深的资历,熟悉家具制作的流程。他主张将家具拆解到只有基本形式,而后对每个零部件进行重新构思。例如,制作椅子必须有一个座部、背靠和一些支撑部件。他认为,全部构件规范化,有利于进行大批量机械化生产。里特维特设计的经典家具红蓝椅就是这种思想的集中体现(附图 4-11)。马谢·布鲁尔与他交流频繁,早期作品受其影响很大。布鲁尔更多地使用实木制作家具,追求尽可能少地占用空间。如马谢·布鲁尔 1922 年设计的板条椅(附图 3-1),与里特维特 1920 年设计的一件儿童椅在设计手法上有很多相似点,具有结构单纯、无装饰、每一部件都独立存在等特点,同时还具有明显的立体主义雕塑特征。又如,布鲁尔 1923 年设计的儿童桌椅(附图 4-12)和上漆座椅(附图 4-13),这两款椅子没有继续采用扶手椅的构造,而是别出心裁地采用两块矩形板材直接置于椅子框架之上搭建组成椅面和靠背,给人的感觉随意而自然。

在经过一系列家具风格探索后,马谢·布鲁尔转而研究家具生产的标准化问题,简洁、实用、易于生产的特性对以后设计师在标准化家具的发展方向上产生引导作用。在这一阶段,布鲁尔积极吸收各种艺术观念,潜心研究家具设计尤其是椅子的设计,并结合实践进行学习,为下一阶段理性创作打下坚实的设计基础。

二、第二阶段（1925—1931 年）

本阶段可视为理性创新期。1925 年是马谢·布鲁尔家具设计事业的转折点，这一阶段的作品具有独创性，结构和形式也更具理性特征。马谢·布鲁尔经过第一阶段的学习和思考后，对新材料、新工艺颇感兴趣，他开始尝试利用机器生产工艺和金属材料相结合的手段制作家具，作品风格逐渐走向个性化。在这一阶段，马谢·布鲁尔的作品表现出融会各家之长兼具个人创新的理性主义特点。

1925 年包豪斯迁到德绍以后，马谢·布鲁尔接管了包豪斯工场，成为家具部的设计老师。他展开了对新材料的大胆尝试，通过吸收、消化各种现代派艺术的元素，逐渐形成自己的家具设计风格，一系列出色的家具就在这一时期诞生，如著名的瓦西里椅。后来，他又利用无弹性的镀铬钢管结合胶合板、玻璃、海绵、纺织品等材料，创作了许多新形式的椅子以及可以堆叠的凳子和桌子。如包豪斯在德绍的校舍的整套家具就是使用这种新材料和标准化制作加工而成的典型，具有整洁、前卫和室内一体化等特点。这段时间是马谢·布鲁尔家具设计的高产阶段，很多商业效果极好的家具精品就是在这段时间被设计出来的。如在 1927 年斯图加特工业联盟展览中，布鲁尔的钢管家具的展出带来了家具领域的新突破，其材料和工艺十分契合现代社会和文化理念。1930 年，马谢·布鲁尔为法国巴黎 Wohn 酒店进行室内家具设计，为迎合现代建筑的需求而采用了钢管家具，使整个酒店充满了浓厚的现代气息。

三、第三阶段（1931 年以后）

这是马谢·布鲁尔家具设计的新材料应用探索阶段。这一时期他更热衷于对新材料和新工艺的继续探索和试验。对铝、胶合板等新材料进行深入挖掘，是在他对弯曲钢管多年探索之后进行的卓有成效的尝试。可以说，他一生都致力于新材料的应用，并力求给每种新材料都找到最合适的设计语言。各种不同属性的材料经他合理配置后总能以出奇制胜的面貌出现，给人以强烈的视觉冲击力。如 1935 年刚到英国不久，他就设计了一款高品位新式躺椅，这款躺椅由海绵和弯曲胶合板相结合制作而成，这在当时是比较前沿的产物（附图 4-14）。无论应用何种材料，马谢·布鲁尔都将理性设计理念贯彻到底。结合机器大生产制作工艺，采用简洁几何形，是马谢·布鲁尔惯用的设计手法，从铝材料的休闲椅，到用胶合板制作的写字台，简洁、轻便、通透、卫生、价廉等优点都在其作品中得到淋漓尽致的展现。

第三节

马谢・布鲁尔的
家具设计分析

工业产品不仅是一种实用品,还呈现着特有的感性形态。技术美学在产品设计中扮演着极为重要的角色。马谢・布鲁尔的家具设计作品处处透露出技术美的痕迹,主要体现在形态、结构、功能、材料配置等方面。

一、形态

在工业设计领域,简洁对产品造型至关重要,这是因为繁缛的造型不适于机器大生产,不合乎经济节俭原则,也不便于使用和维护。简洁的几何形是对马谢·布鲁尔家具形态的总概括,它给人以简练、通透的印象。

早期受里特维特的影响,马谢·布鲁尔利用木质材料制作了一系列椅子,这些椅子造型简洁明快、比例和谐,大量的几何形以面的形式呈现出来,给人以端庄的印象(附图4-15)。

在马谢·布鲁尔中期创作的钢管家具造型中,我们看到最多的是线和面的组合,比如水平的扶手、简洁的构架,这在1925年他设计的瓦西里椅中得到了直观、具体的诠释。弯曲的钢管纵横交叉,水平线、垂线和斜线同时得到立体性展现,两条横线和两条竖线构成了方形的面,来自不同方向的几何平面相互交叉构成了雕塑效果,同时又体现出严谨的逻辑思维特征(附图4-2)。1927年,赫尔伯特·迈耶在为布鲁尔进行金属家具产品推广而设计的"布鲁尔金属家具"宣传单目录封面上,就紧紧抓住线条本身所具备的丰富表现力这一特点,别出心裁地采用照片底片的反白效果进行表现,充分强调了钢管座椅的线条特征。

与瓦西里椅几乎同时被设计出的拉西奥茶几也是马谢·布鲁尔简洁设计的典型(附图4-16)。在这件作品中,我们看不到任何多余的线条和块面,整件作品直接用横线和垂线交叉构成整体骨架,再配以矩形桌面,简洁、凝练和灵动。

马谢·布鲁尔1928年设计的塞思卡悬臂椅(附图4-17),其简约精巧的构思也不禁令人啧啧称叹。在这件作品中,布鲁尔秉承为更好的生活而服务的设计思想,利用所处时代的技术条件,即钢管弯曲技术,引入悬臂概念,用两条腿代替四条腿,质量极轻且结构简单,达到了尽可能少占空间的效果。这件作品除去靠背和坐垫,就是用一根直线进行的弯曲造型,就像儿童简笔画中一笔画的效果,一气呵成,整体感极强,用极少的材料和极简的造型创造出极好的效果。这款椅子的椅背和座面采用编藤材料,这在肌理的对比上形成粗糙与光滑的视觉感受,避免了审美单调。两种材料虽然性质不同,但在感觉上却给人以轻盈、透明的和谐感。塞思卡悬臂椅作为典型的办公座椅和餐椅,几乎能适应任何环境,这款椅子得到了广泛应用。

　　马谢·布鲁尔在 1928—1929 年设计的 B35 钢管躺椅(附图 4-18),也展现出简洁、质朴、实用、方便的特色。它和瓦西里椅一样采用粗质肌理的帆布做椅面,与闪光的打磨钢管在视觉上形成粗细对比,增强了作品的韵律感。通过布鲁尔的作品可以看出,其简洁的设计风格与瓦西里·康定斯基的艺术观不谋而合。康定斯基认为:直线最简单的形是水平线。水平线以最简洁的形式表现出运动无限的、冷峻的可能性;垂线以最简洁的形式表现出运动无限的、温暖的可能性;对角线以最简洁的形式表现出无限的冷一暖的可能性。同时,他还认为,直线和曲线在量与类方面具有不同的张力,在曲线中还存有一种类似角的莽撞的少年秉性和壮年真正自信的能力。① 马谢·布鲁尔的弯曲钢管家具作品中体现出一种韧力,这种韧力来自钢铁本身所呈现出的力量和坚强,这与当时蓬勃向上的时代精神相一致。马谢·布鲁尔在 1932—1934 年设计的铝制躺椅(附图 4-19),采用标准化铝制件连接而成,以其小而轻薄及简洁平直、刚劲挺拔的造型风格特点,加以银白的色彩和空灵的构造,在视觉上给人轻如蝉翼之感。横竖交叉的线条、斜线的穿插和随着结构而起伏的块面组合就像一篇极有节奏的乐谱,并且线形的韵律美与其功能性完美结合,使人回味无穷。这正符合了格罗皮乌斯对设计物品的"美"的评价:设计一个"美"的物品的能力,基于对所有经济、技术和外形等前提的熟练掌握,在这些基础前提下才能形成最后的整体结果。设计者对设计品的质量、材料和颜色的处理方式,会为设计品创造极具个性的外表。处理时,尺寸比例隐藏在设计者的精神价

---

　　① 康定斯基.康定斯基论点线面[M].罗世平,等,译.北京:中国人民大学出版社,2003:36,37,52,53.

值中,而不在装饰性花纹和剖面图的外在成分中。当这些外在成分还没被解释其功能时,甚至会干扰设计者清晰的造型设计。①

　　此外,马谢·布鲁尔还创作出一系列胶合板家具,如餐桌、椅子等。他于1936年与凡·约克合作,为伊索康公司设计了一些被广泛模仿的胶合板家具,其中的胶合板餐桌(附图4-20)是其理性创作的典型。这是一件用整件胶合板剪裁而成的桌子,透露出了产品的简洁之美。然而,仔细观察便可发现,这样一件形式极其简洁的作品却隐藏着矩形、三角形、梯形等丰富的几何形体,外观整洁利落,设计手法流畅自然,耐人寻味。在创作理念上,马谢·布鲁尔严格遵守他的导师瓦尔特·格罗皮乌斯所提出的美学理念:一个物品是由其本质决定的。为了造就正确发挥其功能的形状,比如一个容器、一把椅子、一幢房子,必须首先研究物品的本质。因为它应该完美地达到其目的,也就是说,从实际使用上完善其功能,必须耐用、便宜以及"美"②。这一观点明确表明,在创造新造型时不能只为求新、求奇而舍弃产品本身的功能诉求,舍本逐末地添加装饰而哗众取宠,一味追求式样的变化必然会牺牲产品的部分功能。一旦触及这些红线,设计出的产品必然不会耐用,更谈不上具有美的属性。马谢·布鲁尔认真思考并秉承这一理念,他自己曾表示,要因功能不同而设计不同的外观,功能与外观应该满足我们的需求,而不是相互冲突,它们应共同形成我们的风格,产品应具有与其功能相对应的形式。布鲁尔真正做到了诚实地表达产品结构,而不依靠装饰物提升美学价值,产品经济且美观,并完美地实现了艺术和技术的统一。

---

　　① 格罗皮乌斯,纳吉.包豪斯工坊新作品[M].蒋煜恒,译.重庆:重庆大学出版社,2019:6.
　　② 格罗皮乌斯,纳吉.包豪斯工坊新作品[M].蒋煜恒,译.重庆:重庆大学出版社,2019:5.

在产品形态特征中,色彩也是极为重要的方面,它是造型设计中达到良好审美性的重要方面。首先,色彩本身的美学属性能够使人们通过视觉感知调节心理感受。其次,色彩是一种文化象征,不同文化赋予色彩不同的内涵。马谢·布鲁尔在色彩设计中考虑并应用新材料的本身色质和材料加工处理后的光影效果,强调运用材料自身所呈现的固有色,从不刻意追求产品风格,强调一种非个性化的特点。如不锈钢的金属光亮效果、镀锌铝散发的银白色、胶合板呈现的米黄色等,构成了马谢·布鲁尔家具色彩的主色调,加之金属框架所配置的色彩各异的纺织品,起到丰富色彩变化、显示产品现代特征的效果。虽然和富贵张扬的洛可可风格家具所呈现的华丽图案相比,马谢·布鲁尔家具的色彩的确显得有些单一化,缺乏绚丽感,但马谢·布鲁尔的设计思想蕴含了为大众服务的朴素民主主义思想。这种思想体现在产品色彩设计中便呈现出朴素自然的机器时代特色,即以黑、白、灰为主色调。可以说,布鲁尔的产品主色调是朴素的意识决定朴素的外表,是由内而外的统一,更是机器时代机械美学的合理产物。同时,马谢·布鲁尔崇尚少就是多、纯净、简洁的理性设计原则,他努力营造一种把线条、色彩、构造、功能、使用集合成一个整体的新秩序,而非刻意美化产品外观。归根结底,这是一种时代精神的体现。正因为这种理性的存在,人们认为他的家具更适用于公共或办公场所。

二、结构

结构是指家具所使用的材料和构件之间的一定组合与连接的方式,是依据一定的使用功能而组成的一种系统,包括内在结构和外在结构两个方面。内在结构是指家具零部件间的某种结合方式,它取决于材料的变化和科学技术的发展。外在结构直接与使用者相接触,它是外观造型的直接反映,因此在尺度、比例和形状上都必须与使用者相适应。结构是产品设计最基本的要素,只有合理的结构才能创造出美的形式,并能最大限度地满足使用者对功能的需求。

1963年,马谢·布鲁尔在康奈尔大学以建筑设计为主题开展讲座,我们可以通过其对建筑结构、空间、材料等的论述找出其中一以贯之的结构设计原理,用来理解其家具设计的结构。马谢·布鲁尔认为对于建筑结构而言,古典建筑的重量是使其稳定的因素。但随着工程设计结构发生变化,人们思维的变化和新材料的发展是同步的,结构的稳固性由形成连续结构的材料的内在凝聚力所决定。他强调技术发展和形式之间的联系,相信真正的结构应使作品具有特殊的价值。这种联系在家具设计领域表现得尤为鲜明,需要用更少的支撑和更轻的重量来实现更大的功能。

结构简洁纯粹、利于标准化大生产,是马谢·布鲁尔家具作品的总体特征。里特维特曾对椅子的设计提出要求:在结构上,每个零件不能有丝毫的变形,而且任一零件与其相邻零件之间应有明显的接合线,不能将某一零件从属于另一零件,应靠各零件之间的紧密接合而共同起作用。① 马谢·布鲁尔受其影响较大,在设计家具结构时汲取了里特维特的思想精髓。不论是木质板材的剪裁效果还是金属家具的弯曲构件,他都利用基础构件进行空间的围合,创造出三维空间效果,而且各个部件之间的关系具有数学般严密的逻辑性,紧凑而纯粹。通过合理的结构设计达到减少材料使用量,并且不允许出现任何多余的部件,是他的终生追求。因此,他设计的家具既简洁又经济,并使空间通透明亮,在不知不觉间完成了对空间的放大。小中见大、视觉连续成为马谢·布鲁尔家具最突出的优点之一,他设计的家具被认为具有纯粹的理性主义特征。

马谢·布鲁尔设计的家具按结构造型主要分为固定式和折叠式两种基本形式。其中,固定式结构的家具占其设计作品的大多数。固定式金属

---

① 李雨红,于伸.中外家具发展史[M].哈尔滨:东北林业大学出版社,2000:190.

家具结构是指产品中各构件之间均采用焊接或螺丝连接等技术固定地连在一起。从瓦西里椅结构解构图(附图 4-21)中可以看到,整把椅子都是用螺栓固定在一起的,仿佛是有些笨拙的结构,但当我们把它拆解开平铺在二维平面上时,却可看到它并无太多部件。在每一个弯曲之后都会有一个结合点来连接一根直管,或者在直管部分的中间有一个结合点连接前后两根直管,所以这把椅子有很多的接缝。那时,家具成品常因实际尺寸过大,而无法以可以接受的成本进行电镀铬层,于是布鲁尔就将目标定为制造出零件并进行镀铬,然后组装成椅子。因此,决定关节的位置非常重要。在接合处,用一个螺栓同时穿过两根管材,这些解决方案都是可行的。

不管使用怎样的连接工艺,这种固定式结构都表现出形态稳定、牢固度好的特点,坐上去有稳重踏实感。附图 4-22 是布鲁尔于 1926 年以及 1926—1927 年设计的两款 B5 钢管椅。B5 椅的原型为镀镍钢管椅,深咖啡色,座面和靠背为织物。独立线型设计的 B5 椅原型的缺点很明显,横断面上的螺丝钉可能会伤到使用者的腿。而改良版的 B5 椅规避了这个缺点,还被列入标准家具计划中。暴露在外的钢管构件按人体工程学的相关原理进行精心设计,构成了不同的座椅形状,每个管件之间的支撑力量平衡,最后形成稳固的结构,再配以织物充当座面和椅背就满足了"坐"的需求。同时,布鲁尔利用织物的弹性特征增加了椅背的倾斜度,令使用者的后背不至于疲劳。

马谢·布鲁尔对书架(附图 4-23)结构的设计更是直截了当。他于 1932 年设计的书架采用镀铬金属管焊接成最基本的框架,再将小块面胶合板用螺丝直接固定在支撑的金属架上,简简单单地便具备放置书本的功能。书架的高度正好是坐在椅子上伸手可及的尺度,方便使用者存取书本,非常实用。即使不放书本,只需将其置于室内便能在视觉上使人感到空间的通透。另外,附图 4-20 中用胶合板弯曲工艺做成的餐桌,只是利用薄板弯曲工艺对空间进行围合就塑造了其结构，成为巧妙利用空间造型的典范。而利用胶合板弯曲工艺制作的胶合板椅（附图4-8），其结构也是直接暴露在外，和弯曲钢管造型方法一样，布鲁尔只是利用材料弯曲特性使之成型，使座椅各部位按照力学原理合理连接组合，从而达到造型和使用的目的。

使用挤压工艺的铝型材家具比其他任何产品都更具挑战性。铝挤压工艺自20世纪初就已产生，但是直到20世纪20年代，新的航空工业的发展才促使了铝制造业的发展。对新材料具有高度敏感性的布鲁尔意识到，他可以利用这次机会设计一些相当具有挑战性的家具。1932—1934年，布鲁尔利用铝材料设计制作了铝制躺椅（附图4-19），并绘制了躺椅的专利图（附图4-24，附图4-25）。在专利图中，布鲁尔详细地展示了所有可能的、通过应用挤压工艺为椅子提供支撑的方式，在椅子底座的部分，也细致画出了挤压模具的轮廓，并在图纸上展示了挤压部件可能的分割方式，以及以不同的方式缠绕所形成的结构。此外，他还展示出有着两个凹槽的宽挤压片（横截面）。该挤压片在椅子底部的尾端是完整的，而后分为两个部分，一部分向前伸展成为椅子前面较低的位置，另一部分迅速向上弯曲成为扶手。随后，两部分挤压片通过拧转一定角度，在椅子背侧重新结合为一体。椅面用铝制的材料间隔排列支撑，结构设计极其简洁。

马谢·布鲁尔的家具王国里不乏一些折叠家具。折叠家具的设计是一项科学性较强、要求较严格的工作。折叠家具是运用平面连杆结构的原理，以铆钉结合作为铰链结构，把产品中的各部分（杆件）连接起来制造的。马谢·布鲁尔设计的折叠家具构造属于折动结构（附图4-26），即在家具上设两条或多条折动连接线，在每条折动线上设置不同距离、不同数量的折动点，各个折动点之间的距离总和与这条线的长度相等，打开使用时，家具四脚落地平稳一致，达到折得起、合得拢的目的。折叠家具的优点是体积小、轻巧,使用比较方便,并且经济实惠,因此也更适合餐厅、会议室、展览场馆和小居室使用。设计此类家具需要掌握机械加工、结构学、材料力学等方面的知识。马谢·布鲁尔对折叠家具的设计采取了和其固定式家具相同的构成元素,即用弯曲的金属构件和紧绷的帆布组成椅垫、椅背。但是,折叠座椅也存在一定的缺点,即反复开合后连接处的铆钉或螺丝容易损坏,结构易松散、坍塌,易产生不安全因素。所以,需要利用高质量钢管作为原材料进行制作,才能保证折叠家具的结构稳固。马谢·布鲁尔设计的折叠家具并不多,相比之下,他更青睐于固定式结构家具的设计。

总之,马谢·布鲁尔设计的家具结构清晰、形态简练,其美学特征隐藏于结构形态的比例和组合关系中,产品的每一个组合元素都经过了多次设计实践,可以满足使用者不同的地面环境、不同的房间高度和不同的用途等多方面的需求。马谢·布鲁尔设计的家具产品的连接件与零部件,具有标准化、通用化和系列化的特点,产品零部件具有互换的特性,这对批量生产具有一定的经济意义。同时,产品的重复组合性,更便于运输和维修、更换,这些优点大大增强了马谢·布鲁尔设计的家具的使用寿命和重复利用性,为人们提供了极大便利。这或许也是布鲁尔家具经久不衰的原因之一。

三、功能

马谢·布鲁尔是功能主义的代表,对产品功能性的追求是他一生的理想。

马谢·布鲁尔的家具设计活动大多体现于座椅设计方面。正如美国建筑师、家具设计师乔治·尼尔森所指出的:每一个真正的原创的理念——每一个设计的创新、每一种新材料的应用、每一种家具技术的发明,都可以在椅子上得到最鲜明的表达。舒适度是椅子功能的体现,没有舒适度的座椅就削弱了它存在的价值。产生舒适感需要两个必备条件:一要有合乎人体比例的尺寸,二要有合理的坐姿。马谢·布鲁尔致力于对功能的追求,其早期设计的一系列不加衬垫的木质椅子,不管风格如何,因其把握了座椅舒适性必备的两个关键条件,所以在实际使用时均令使用者产生了舒适感。一般情况下,人们总认为座椅的舒适度取决于椅垫的厚薄,其实不然。研究表明,如果椅垫过软会因压力过于分散而令使用者产生疲劳感;相反,如果椅垫过硬也会因压力过于集中而同样令使用者产生疲劳感。这是由于人体各部位承压的敏感度不同所致。使人容易产生疲劳感的另一个原因是坐姿问题。如果坐姿不稳,使用者就会为维持稳定而引起局部肌肉紧张,从而产生疲劳感。所以,在设计椅子时,应使椅子形成向后倾斜的坐姿,以保证使用者的自然稳定性。马谢·布鲁尔设计的椅子虽然结构简单,但因尺度合理准确,符合人体特征,因此同样具有舒适感。另外,马谢·布鲁尔1928年设计出的第一件悬臂弹性原理的休闲椅(附图4-5)是将坐面设计出完全的弹性,这是对家具舒适度的进一步考虑。后来他又充分利用材料弹性设计出一系列家具作品,同样获得成功。马谢·布鲁尔还曾利用色彩强调椅子的功能。1924年,他用轻质胶合板制作了一把椅子(附图4-10),并用不同颜色标明椅子各个部位的不同功能(椅背靠面和座面分别采用不同色彩),以此显示他对家具功能的重视。

然而,关于马谢·布鲁尔设计的钢管家具的舒适度问题,迄今一直存有争议。赞许和批评的声音对抗和交替,人们以不同的方式和态度表达着对钢管家具的关注。有人认为,用弯曲的钢管和结实的布料制作座椅可以避免人的惰性,虽然不能把腿横架起来,但可以一下被弹起来。还有人指出,马谢·布鲁尔设计的家具因过分强调功能性而冰冷得像医院。也有人认为,马谢·布鲁尔设计的家具在舒适度方面还存在不足。例如,美国学者威托德·黎辛斯基曾指出:瓦西里椅弯曲的钢管使人联想到自行车的骨架,厚硬的皮面令人回忆起理发师磨剃刀的皮带。它看起来更像健身器而不像扶手椅,以至于有些人认为这种用金属管与皮带交织而成的东西是否能坐都是问题,更别提坐得是否舒适了。① 芬兰家具设计大师阿尔瓦·阿尔托认为,马谢·布鲁尔设计的金属椅噪声过大,反光过强,传热过快,把这些"舒适"的概念放在一起来说,那才是科学的评语。② 我们认为,如果依照物理学的导热原理,用钢管作为椅子支架,确有传热过快的特点,但这不宜单纯视作缺点,散热过快起码在夏天算是不折不扣的优点。马谢·布鲁尔在这方面是如何理解和实践的呢? 他早已认识到钢管给人带来的冷漠感,因此,从一开始他就考虑在家具与人体接触的部分采用其他手感更好的材料,譬如在瓦西里椅中采用帆布或皮革,这样导热就没有这么快,感觉也不再如此冰冷。在包豪斯学习期间,马谢·布鲁尔通过对人体工程学的研究,尽最大努力减弱材料特性和功能之间的抵触作用。从功能主义的视角看,瓦西里椅以及其后的许多变体,满足了人们在生理层面上的舒适需求。对此,马谢·布鲁尔曾解释道:一把由高级钢管制作的椅子,并且需要的部分使用了拉伸材料,能够提供轻便、完全自动弹起的安坐享受,具备软垫座椅的舒适,但又较之更轻、更便利、更保健,因此更加地具有实用价值。③ 观察布鲁尔的钢管家具,不免令人对用一根管子做一把椅子的设计产生好奇。同时亦不免让人提出疑问:如何用最少的材料消耗来满足坐的需求? 如果选用金属制作框架,实际使用和提供支撑的部分又应怎样选择材质,是皮革、布料、织物、海绵亦或其他什么材料? 使用不同材料对于坐姿和舒适度的区别是什么? 怎样才能最大限度地平衡与发挥钢管的强度? 钢管与它所允许的弹性之间的受制关系如何? 其实,对于马谢·布鲁尔而

---

① 黎辛斯基.金屋、银屋、茅草屋[M].谭天,译.天津:天津大学出版社,2007:222.
② 李砚祖.外国艺术经典论著选读:下[M].北京:清华大学出版社,2006:142.
③ 菲德勒,费尔阿本德.包豪斯[M].查明建,等,译.杭州:浙江人民美术出版社,2013:410.

言,这些问题也是他在设计之初需要深思熟虑的问题。他的设计原则简单明了,即舒适度是对家具的最基本的要求。在极简设计中,满足坐的舒适度要求,是一件极为不易的事,这离不开高级材料的支撑。我们不能笼统地认为钢管座椅只会让人感到冰冷、不舒服,争议无可避免,但从当时及后来的普及度来看,钢管家具的确改变了许多人的生活方式和使用方式,更延伸到人们对家具产品的功能判断。

20世纪30年代后期,马谢·布鲁尔主要从事铝和胶合板材料的家具研究。铝是一种重要的工业造型材料,经热处理后可获得较高强度和韧性,可塑性较好,用它制作家具时如配以合适的比例加上其自身韧性,就能达到舒适的效果。如马谢·布鲁尔于1932—1934年设计的铝制躺椅(附图4-18),充分利用人体工程学原理,其偏移倾斜的形状是由人类脊椎骨的结构所决定的必然结果,即它的舒适功能是依靠它的自身结构来实现,一个普通身高的人躺上去会使全身肌肉得到充分的放松,真正达到了休息的目的。马谢·布鲁尔设计其他许许多多的座椅都是按照人的自然坐姿和合适比例的原则,如采用倾斜的椅背、有弹性的座面等措施来缓解脊柱和大腿的压力。

胶合板是一种将原木沿年轮方向切成大张单板,经干燥、涂胶后按相邻单板层木纹方向相互垂直的原则组坯、胶合而成的板材。马谢·布鲁尔设计的胶合板家具主要有书桌、扶手椅、书柜等,功能性强,结实耐用,符合人体工程学原理。从1936年开始,马谢·布鲁尔在伦敦开始了他的胶合板家具设计探索,这个时期的代表作是伊索康椅(附图4-27,附图4-28)。实际上,这把椅子是从马谢·布鲁尔1932—1934年设计的铝制躺椅演变而来的,但它的构造与铝制躺椅是完全不一样的,椅面由一整张胶合板弯曲而成,如同漂浮在空中。从力学角度看,由于椅面按人的坐姿弯曲制成,人坐在上面,身体的重量分布科学合理,不会完全集中于腰部,非常舒适,所以这把坐椅受到了大众的欢迎。

四、材料配置

设计师通过对不同材料进行合理配置,可以充分发挥材料的实用性和美学吸引力,使其实现最大功能价值,从而更好地为人类生活服务。马谢・布鲁尔能够赢得包豪斯第二代大师的美誉,得益于他利用新材料的才能。他采用简洁的设计手法,使每一造型单元的材料都使用得最少,从而在外形上区别于传统的笨重家具,表现出与众不同的面貌。

对材料应用的革新和合理配置是家具设计创新性的重要体现。19世纪后期就已出现了无缝钢管,但在马谢・布鲁尔之前这种材料在家具领域一直没有被充分利用。善于把握材料特性,并对材料应用有着独特看法的马谢・布鲁尔设计的瓦西里椅,成为20世纪家具在设计观念、形式和功能方面发生转折的标志。他是这样描述自己当时的想法的:"我最早试用的是杜拉铝,但鉴于其昂贵的价格,不得不转而采用精密度的钢管。金属轻于木,听上去不可思议,但想想两种材料的静态特质,你也就明白了。即便是软金属,比同等体积的木头也要重上9倍,但同时前者要比后者硬上13~100倍。此外,金属相对而言是同质的,比木头更容易铸造成抗压的形状(比如说管子的结合处),木头受限于其不同质的性质,从而容易折断……"[1]由此可见,他在运用各种材料时可谓独具匠心,并且能够准确把握材料与造型之间的关系。采用空心的钢管作为支架,既轻便又结实。另外,从人的心理感受角度看,金属所散发的银色光属冷色调,容易使人产生冷漠感,马谢・布鲁尔从一开始就对材料应用进行合理规划,考虑采用其他手感更好的材料接触人体。如在椅子的钢管转弯处缠绕不加垫料、撑开

---

① 惠特福德,等.包豪斯:大师和学生们[M].艺术与设计杂志社,编译.成都:四川美术出版社,2009:203.

的皮革作为椅座、椅背和扶手——皮革面结实耐用,并增强了椅子的艺术性。这些措施使人体不会与冷漠的钢管直接接触,色彩各异的皮革面大大增加了家具的美感。

马谢·布鲁尔对待材料并不是随随便便,而是经过深思熟虑后的选择。其实,他不只是在家具设计中注重新材料的开发利用,在其建筑设计作品中也一直坚持在合理利用新材料方面下功夫,可以说他的建筑作品的特色就体现在对建筑材料的掌控上。这点从他对待建筑与材料的关系的独到见解中就可窥见一斑。他认为,即使没有钢筋混凝土、胶合板或油毡,现代建筑也会存在。它甚至会存在于石头、木头和砖中。强调这一点很重要,因为新材料的教条主义和无选择的使用歪曲了我们工作的基本原则。他所坚持的设计理念是充分利用材料自身的特性进行合理的构思和规划。他坚持产品的外形总是遵循制造工艺和材料限制的信条。

马谢·布鲁尔设计的瓦西里椅的折叠版本,也同样采用了弯曲的镀镍钢管和帆布、织物或皮革相结合的材料配置。这种材料配置在折叠椅中也是首创。自瓦西里椅的设计获得成功之后,他一直探索着弯曲钢管的进一步开发利用。他曾写道:"我有意识地选择金属来制作这种家具,以创造出现代空间要素的特点……先前椅子中沉重的压缩填料被绷紧的织物和某种轻而富于弹性的管式托架所取代,所用的钢,特别是铝,都是很轻巧的。尽管它们经受了巨大的静态应变,但其轻巧的形状增加了弹性。"[①]就是利用这种轻便和弹性,马谢·布鲁尔达到了使家具便于运输和使人感觉像"坐在空气上"的目的。在此后的家具设计中,布鲁尔凭借他对材料性能的出色把握,不断地采用钢管和皮革或者纺织品、编藤、玻璃、海绵和软木配置,设计出了大量功能良好、结构严谨、色彩温和、肌理丰富的充满美感和

---

① 何人可.工业设计史[M].北京:北京理工大学出版社,2000:116.

现代感的家具,包括椅子、打字桌、沙发等(附图 4-29～附图 4-31)。

马谢·布鲁尔还对其他家具材料,如铝合金和模压胶合板,进行了出色的运用。铝合金属于轻金属材料,经热处理后可以获得较高的强度和一定的韧性,具有质量轻、价格低等特点。1933 年,他选用铝合金作为构架材料设计的休闲椅,由于舒适、经济、视觉效果好而备受欢迎。模压胶合板经济节能且能满足功能要求,马谢·布鲁尔曾说:"上等木材薄板并没有得到太多专业人士的青睐,因为这种材料有些不太可靠,但是在未来的家具工业发展中仍然有着巨大的发展潜力,当然这要以灵活的方式使之驯化为前提……"①由此可以看出,马谢·布鲁尔认为材料本身没有优劣之分,它们都有自身独特的实用价值,只是如何利用的问题,这是现实赋予设计师的命题。只要合理把握材料特性,了解一种材料和另一种材料之间的关系,再配以合适的加工工艺,任何材料都有潜力。因此,马谢·布鲁尔从未被现实情况所困。1935 年他在英国时,面对英国市民很少购买金属家具的情况,他开始优先考虑使用胶合板,并很快以胶合板取代了之前使用的铝合金。他利用胶合板弯曲工艺,以胶合板为主体进行了一系列家具设计。1936 年,他为伊索康公司设计的一款胶合板躺椅——伊索康椅,就是采用桦木薄片制成的,其坐垫和靠背是用泡沫胶做成的。他还用胶合板制作了叠落式椅、扶手椅等,商业效果同样很好。马谢·布鲁尔一直没有停止对新材料的探索和使用,并努力为新材料找到合适的设计语言,以充分发挥各种材料的性能。

五、标准化生产可行性分析

标准化生产是工业化的关键标志。标准化生产不但能从数量上满足

---

① 惠特福德,等.包豪斯:大师和学生们[M].艺术与设计杂志社,编译.成都:四川美术出版社,2009:171.

大众的需求,而且标准化产品便于组装和搬运的优点与现代人们快节奏的生活相适应。马谢·布鲁尔在包豪斯学习和教学时,就将现代原则应用于工业和美术领域。他跟随沃尔特·格罗皮乌斯的脚步推行单位结构。他曾为了运输便利和减少经济成本,将椅子设计成可以拆卸的9个部分。这种可拆可合的设计在网购盛行的现代仍显示出它的前瞻性。

马谢·布鲁尔对其设计的家具不断地进行改良优化,设计出的众多版本都显示出其注重零部件技术和功能形式的原则。作品中,标准化生产是怎样实现的呢?

第一,使用材料和生产技术。他设计的家具所使用的钢管、铝、压层胶合板等在当时都是极为新型的材料,这些材料本身就是机械化生产的产物,并且已经拥有一整套与机械化生产相适应的生产加工技术,如钢管的焊接、弯曲成型,层压胶合板的粘合弯曲,铝的铸造等技术都已非常成熟。这样,家具构件可顺利进入流水线生产环节进行标准化生产。

第二,产品形态。马谢·布鲁尔设计的家具采用抽象的几何形体,通过拆分组装构件形成结构简洁的造型,符合机器生产加工的技术特点。机器生产不能像手工工艺那样可以创造任意曲线的外形,机器加工是秩序化的、逻辑化的。金属家具不但适宜采用拆装、折叠、套叠、插接等结构,而且除了焊接外还可使用铆钉、螺钉连接。同时,零部件、构件、连接件均可分散加工,互换性强,有利于实现零部件的标准化、通用化、系列化,比木质家具的榫孔连接装嵌方便,有更大的灵活性。正是利用机器的这些技术加工特点,马谢·布鲁尔的家具才具备实现理性严谨外观造型的现实条件。

第三,加工工艺。马谢·布鲁尔设计的金属家具采用的是标准化管件和机器加工工艺。家具制作过程包括锯料、弯曲成型、钻孔、镀镍或镀铬等,整个工艺过程均适合使用自动和半自动冲压生产线进行高效能生产,达到较高的精度。胶合板家具的生产亦是如此。胶合板本身就需机械或化学处理。制作胶合板家具时的加工工艺包括配料、构件加工、装配、表面涂饰等,这种工艺生产的家具整洁美观、结构严谨,市场销售情况非常好。

六、原创家具设计的版权

马谢·布鲁尔家具设计的原创版权一直是人们关注的问题。1926年,格罗皮乌斯在德绍政府的财政支持下组织成立了包豪斯公司,其主要任务是为包豪斯工场设计的作品找到工艺团体或私人企业等合作对象以投入大规模生产。当时包豪斯公司已经拥有80多个包豪斯学生的原创版权,其中包括马谢·布鲁尔的除钢管椅之外其他家具作品的版权。1927年,布鲁尔未与包豪斯商量就成为卡尔曼·伦吉尔在柏林设立的莫贝尔公司的合伙人,生产和营销自己设计的所有钢管家具。1928年,莫贝尔公司因经营困难被托耐特(THONET)家具公司(托耐特家具公司由德国设计师迈克尔·托耐特创立于1819年。19世纪50年代,该公司通过完善曲木工艺,革新了家具的美学理念和生产方式,使家具变得优雅简洁、轻巧耐用、便于运输,并第一次实现了家具的批量生产与拆装组合。该公司除了生产迈克尔·托耐特自己设计的家具产品以外,还和知名大师进行合作,如约瑟夫·霍夫曼、奥托·瓦格纳、马谢·布鲁尔、马特·斯坦等)接管,钢管椅的生产许可权就顺理成章地转移到托耐特家具公司,且至今一直在生产。这些金属家具因价格不菲而成为高品质生活的象征。

另外,悬臂椅首创版权的归属问题也一度成为业界议论的焦点。1926年,移居柏林的荷兰设计师马特·斯坦参加了一次包豪斯展览会,他向人们谈论起在座椅设计中引入悬臂概念的话题。后来,他把水管零件和接头用螺丝拧在一起,证明了他的构想,创造了悬臂椅。1928年,布鲁尔的B32悬臂椅问世,布鲁尔称自己是悬臂椅的发明者,这引起了马特·斯坦的不满,因为斯坦的悬臂椅早在1926年就已生产。布鲁尔称自己是悬臂椅的发明者的理由是,他早在1925年就为包豪斯的食堂设计过一款U形椅,并由此引发了悬臂椅的设计灵感。他们二人为争夺悬臂椅的版权而闹上法庭,最终法官依据法律采取了一分为二的裁判方法,对椅子的知识产权进行了分割:马谢·布鲁尔在这把椅子之前已做出两件钢管家具,所以他是第一个制作钢管家具的人;而马特·斯坦引入了悬臂概念,因此他获得悬臂专利。所以,目前销售的马谢·布鲁尔原版座椅的介绍中,明确地写着设计原型版权为马特·斯坦,设计师是马谢·布鲁尔(附图 4-32)。

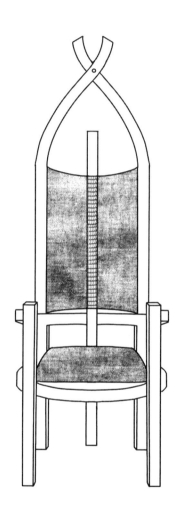

附图 4-1 马谢·布鲁尔 1921 年设计的非洲椅

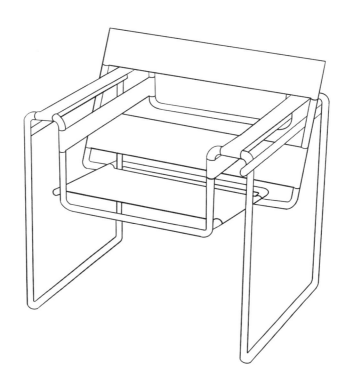

附图 4-2　马谢·布鲁尔 1925 年设计的瓦西里椅

附图 4-3 马谢·布鲁尔 1927 年设计的瓦西里椅的折叠版本

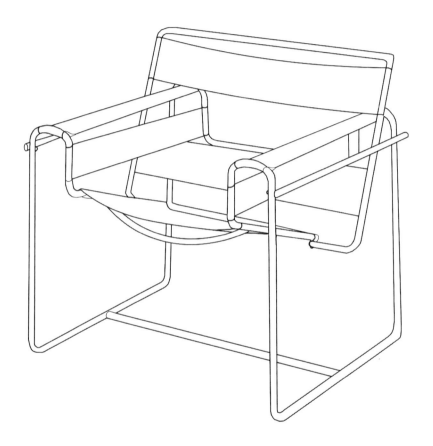

附图 4-4　马谢·布鲁尔设计的瓦西里椅的改进版本

附图 4-5　马谢·布鲁尔 1928 年设计的 B33 悬臂椅

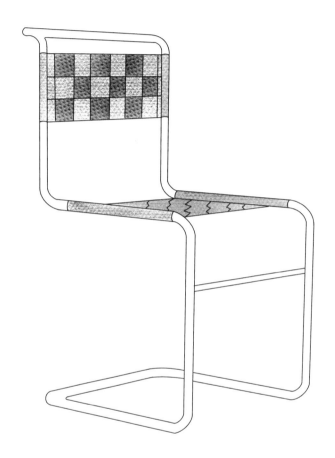

附图 4-6 马特·斯坦 1926 年设计的悬臂椅

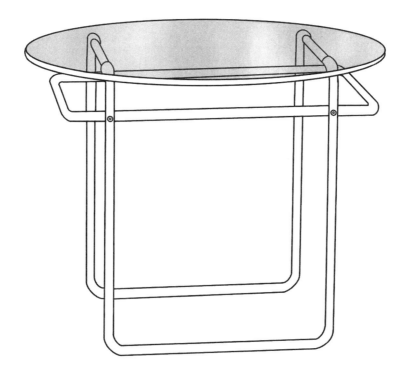

附图 4-7　马谢·布鲁尔 1927—1928 年设计的咖啡桌

附图 4-8 马谢·布鲁尔 1935 年设计的胶合板椅

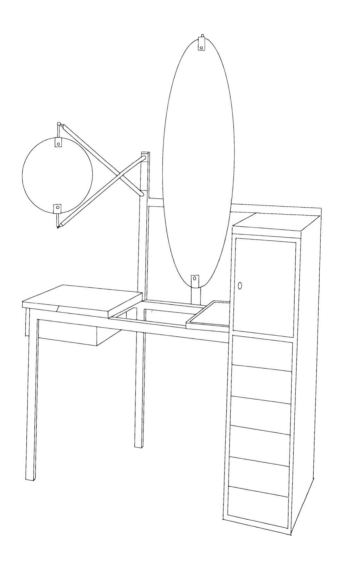

附图 4-9　马谢·布鲁尔 1923 年设计的梳妆台

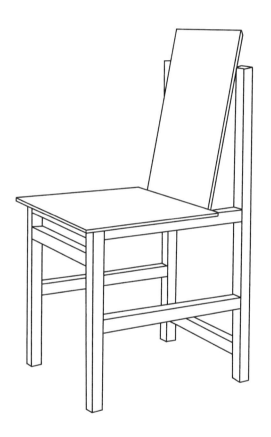

附图 4-10　马谢·布鲁尔 1924 年设计的木材和轻质胶合板制作的椅子

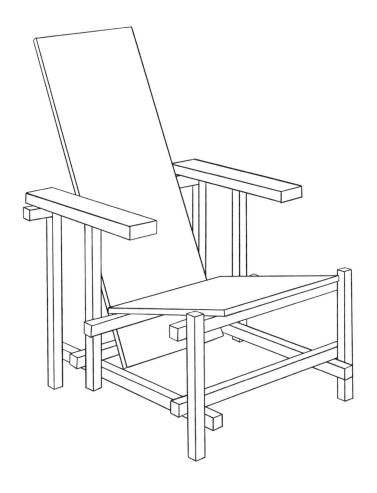

附图 4-11　里特维特 1917 年设计的红蓝椅

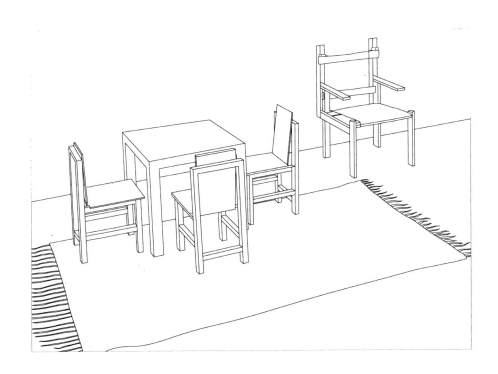

附图 4-12　马谢·布鲁尔 1923 年设计的儿童桌椅

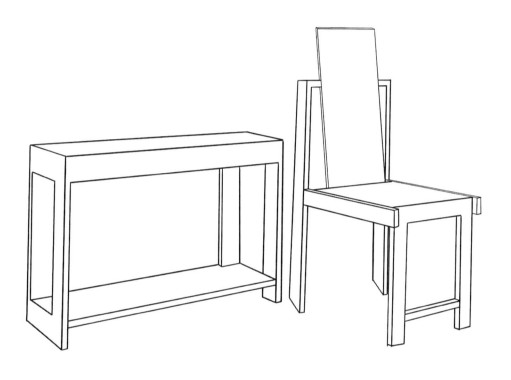

附图 4-13　马谢·布鲁尔 1923 年设计的上漆座椅

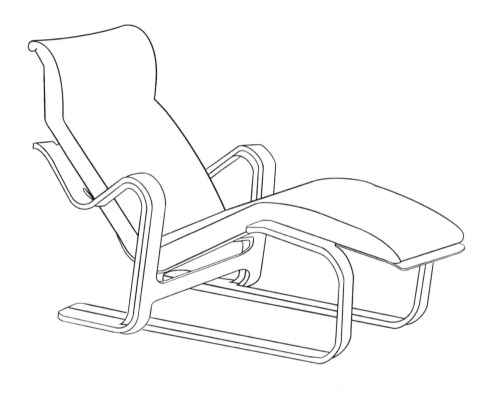

附图 4-14 马谢·布鲁尔 1935 年设计的新式躺椅

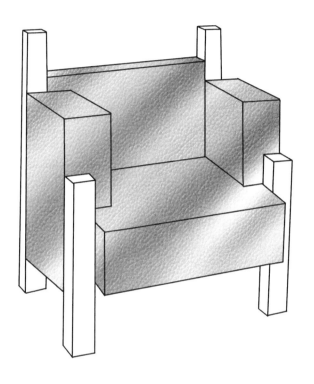

附图 4-15 马谢·布鲁尔早期设计的木质椅

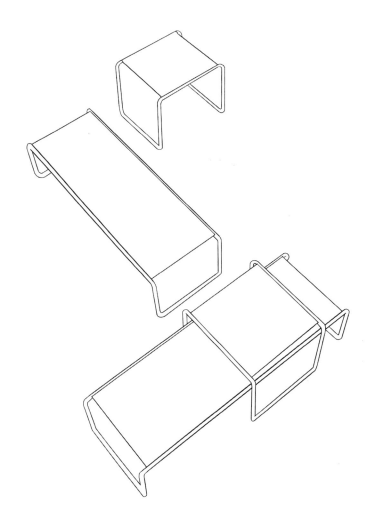

附图 4-16　马谢·布鲁尔 1927 年设计的拉西奥茶几

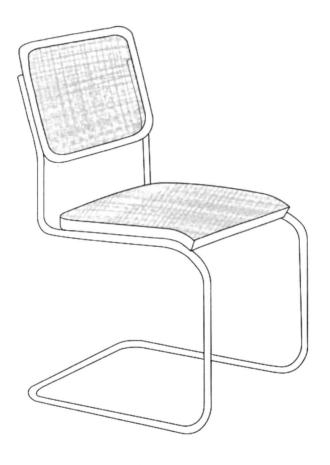

附图 4-17　马谢·布鲁尔 1928 年设计的塞思卡悬臂椅

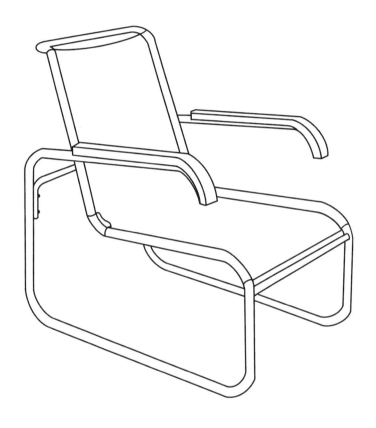

附图 4-18　马谢·布鲁尔 1928—1929 年设计的 B35 钢管躺椅

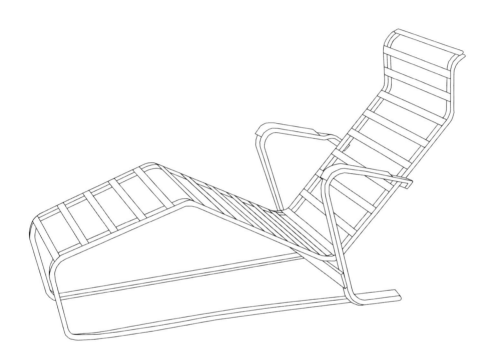

附图 4-19 马谢·布鲁尔 1932—1934 年设计的铝制躺椅

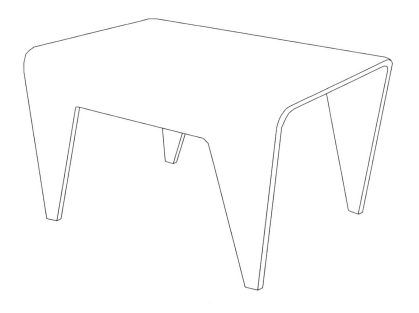

附图 4-20 马谢·布鲁尔 1936 年设计的胶合板餐桌

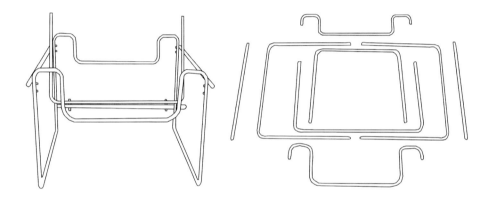

附图 4-21　瓦西里椅结构解构图

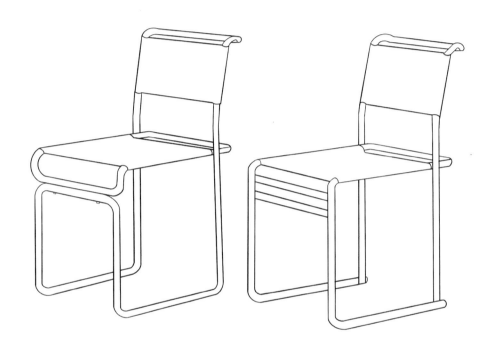

（a）B5 钢管椅原型 　　　　　　　　　　　　（b）改良版 B5 钢管椅

附图 4-22　马谢·布鲁尔 1926 年和 1926 年至 1927 年

设计的 B5 钢管椅原型和改良版 B5 钢管椅

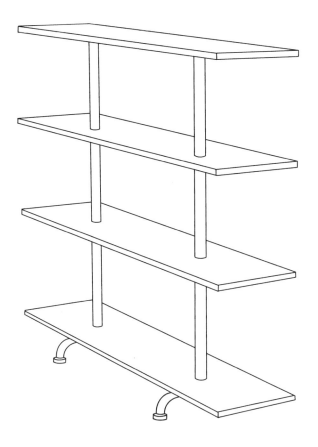

附图 4-23 马谢·布鲁尔 1932 年设计的书架

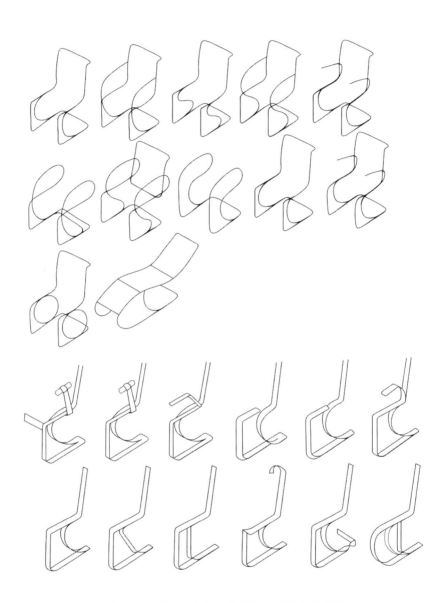

附图 4-24　马谢·布鲁尔绘制的铝制躺椅专利图 1

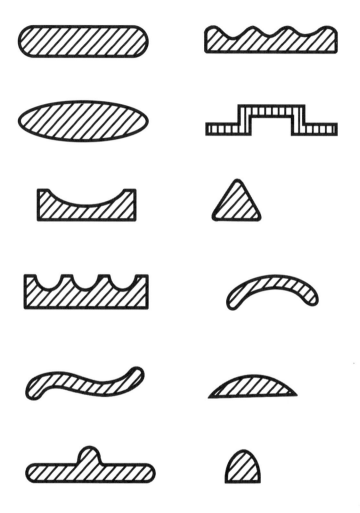

附图 4-25　马谢·布鲁尔绘制的铝制躺椅专利图 2

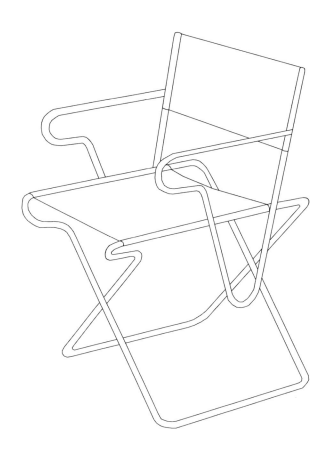

附图 4-26　马谢·布鲁尔设计的折叠椅

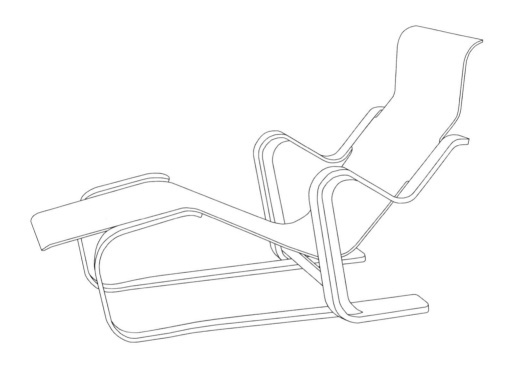

附图 4-27　马谢·布鲁尔 1936 年设计的伊索康椅(侧面)

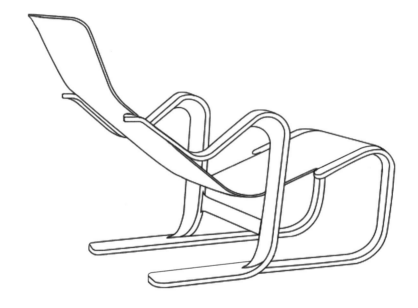

附图 4-28　马谢·布鲁尔 1936 年设计的伊索康椅（背面）

附图 4-29　马谢·布鲁尔设计的椅子

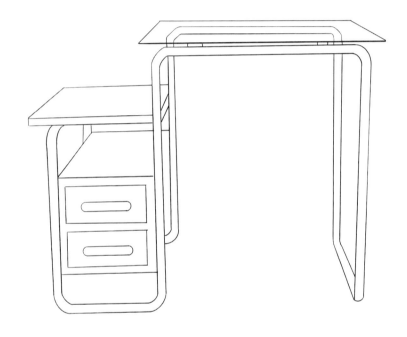

附图 4-30　马谢・布鲁尔 1928 年设计的 B21 打字桌

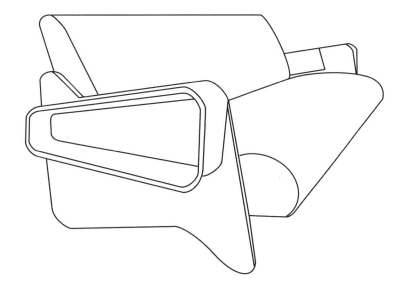

附图 4-31 马谢·布鲁尔设计的沙发

品　　牌	THONET
设 计 师	Marcel Breuer
设计版权	Mart Stam
品　　类	餐椅/扶手椅
产　　地	德国
材　　质	椅架：镀铬或上漆的不锈钢 座面：榉木，藤条和透明的支撑性塑料网； 或带有拉伸的网眼，或带有皮革或织物的软垫可选
颜　　色	黑色/原木色 其他颜色请垂询客服
是否可组装	整装
保养说明	请使用干净湿布擦拭，再用干布擦去多余水分 不要使用任何含化学物质或粗糙磨料的清洁剂
尺　　寸	高:82 cm 座高：46 cm 宽：60 cm 长：56 cm

附图 4-32　托耐特公司生产的马谢·布鲁尔原版座椅介绍

第五章

马谢·布鲁尔的家具设计思想及其启迪

　　历经近百年岁月,马谢·布鲁尔设计的家具非但未被林林总总的新式家具所淹没,反而因其具备自然、理性、单纯等特征依然在众多家具产品中保持着现代经典的地位。不论是在私人住处内,还是在办公场所,都可以看到马谢·布鲁尔设计的家具原型或其变体。马谢·布鲁尔设计的家具强化了家具设计的技术美学观念,提升了人们的生活品位,他的设计思想理应受到人们的关注。

第一节

马谢·布鲁尔的
家具设计思想

马谢·布鲁尔家具设计思想是包豪斯思想的体现,顺应了时代变化。马谢·布鲁尔根据简洁、经济的原则对家具形式和功能进行革新,以达到服务大众、满足社会需求的目的。瓦尔特·格罗皮乌斯确立了包豪斯设计的目标:包豪斯希望打造合乎时代的设计,从简单的家用器皿到完整的住宅。我们坚信,房屋与住宅用品必须有意义地结合在一起。因此,包豪斯在理论和实践上通过系统性的实验作品,在外形、技术和经济领域,从物品的自然功能和局限性出发,尝试找到每种物品的造型。① 仔细分析"合乎时代的设计",它本身就包含时代的社会经济、生产方式、生产技术、审美趋向、新材料、新工艺等方面的内容。因此,能做出合乎时代需求的设计是设计师所要达到的最为理想的状态。马谢·布鲁尔为达到这一理想状态,一方面通过简洁的手法对新材料进行革新应用,另一方面利用标准化家具设计有效拓展视觉空间。

在钢管家具诞生之前,传统家具多为木质,体型笨重、装饰繁复。尽管在 19 世纪末一些设计师已经认识到结构简洁的重要性,开始摒弃一些不必要的装饰,以求达到与新式建筑风格相一致的效果,但一直没有达到最大限度地利用空间的效果。马谢·布鲁尔开始思考怎样采用新材料实现家具的结构简单、功能实用,当时他思考的是能否用张紧的布更换坐面的胡桃木板,同时他还想试一下,有弹性的框架到底会产生什么效果。如果实现了张紧的布与有弹性的框架的有机组合,就可以创造出坐着舒服的椅子。另外,他还想创造出不仅在物理上轻快,而且视觉上也轻快的家具。他对金属抛光的表面感兴趣,靠金属反射光而产生冷淡线条,他感觉到这不只是象征着现代科学技术,而且直接感觉到这就是科学技术。② 终于在经过一番考量后,他找到了问题的突破口,决定采用钢管作为家具的主要结构材料,同时运用织物与之相配,进行了生产工艺的大胆尝试。于是,第一把瓦西里椅以全新的面貌出现在世人眼前。他曾坦言,在这些光亮的线条中,他不仅仅看到了技术的象征,还看到了技术本身。综观布鲁尔在1921—1925 年的设计的座椅,显示出其从粗犷的原始风格到理性风格的转变。1925 年以后,马谢·布鲁尔设计的所有钢管家具都以简洁、理性为

---

① 格罗皮乌斯,纳吉.包豪斯工坊新作品[M].蒋煜恒,译.重庆:重庆大学出版社,2019:5.

② 李雨红,于伸.中外家具发展史[M].哈尔滨:东北林业大学出版社,2000:196-197.

特征,它们轻盈且优雅,尽管所使用的材料给人的视觉观感相对较冷,但却散发出和谐的光芒。然而,马谢·布鲁尔起初对这种新材料的应用也心存疑虑,当他完成了第一把铁椅的制作后,他想这或许会是本人所有作品中给他带来最多谴责之声的作品,铁椅无论在外观上还是在质地上,都难称得上有什么艺术性,反而是过于理想现实,很难说舒适惬意,反而是像硬邦邦的机械。但事实与他最初的预想恰恰相反,不论是现代派人士还是非现代派人士都对他给予了很高的评价,而并不认为他的转变不过是古怪而不切实际的想法。① 他本人也逐渐认识到,瓦西里椅对于全世界来说,第一次清醒、逻辑地解决了"坐的问题",这是一件"摈除异想天开,走向理性科学"的努力成果。② 马谢·布鲁尔始终坚持以科学技术为导向,不断设计出令人欣喜和艳羡的佳作,他注重利用新技术和新材料开发新式家具的创新思想在家具史上具有深远意义。

马谢·布鲁尔首创了在设计房屋的同时设计出配套标准化家具,利用家具标准化设计降低生产成本和改变室内空间这一创新,使他在家具设计行业脱颖而出,引发了人们的广泛关注。他希望家具、房间、建筑由不同的部分组成,并可以以各种可能的方式进行随意拼装组合;家具,甚至墙壁,都不再是庞大而不可移动的,而应当是可拆卸的、能组装的,不会难以搬动或阻碍视线;房间也不再是一成不变的样貌,房间里的一切物品都是可更换的。

马谢·布鲁尔曾坦言,在众多制作家具的原材料中,他特意选用金属来创造空间性。原本笨重的、加装着垫子和弹簧的扶椅,被用布和弯铁管制作的、结构紧凑的"新品种"所替代。椅子所使用的金属,尤其是铝,极为符合延展性和重量轻的需要。雪橇般的造型让家具很容易搬运,并且每一把椅

---

① 惠特福德,等.包豪斯:大师和学生们[M].艺术与设计杂志社,编译.成都:四川美术出版社,2009:202,203.

② 德波顿.幸福的建筑[M].冯涛,译.上海:上海译文出版社,2007:78.

子都由标准化的不同部分组成,这保证了可以随意拆卸安装。而这些金属家具也只是当作生活必需品来制造的……①由此可见,马谢·布鲁尔对外部世界有着极其敏锐的感受力,他自身具有很强的时代责任感。

马谢·布鲁尔提出系统化、标准化设想,以求达到空间的自由组合。他借助新材料完成了现代室内合理充分利用空间的目的。这些创新的家具被后来者不断模仿,改变了现代人们的生活方式。这种设计思想乐观、积极,不但为现代家具的设计指明了方向、提供了成功范本,而且激励了设计师在家具设计多功能道路上的探索。

马谢·布鲁尔在尽量减少使用材料方面也同样有着独特理解。他深知工业时代的城市扩张和机械的大规模使用造成的资源短缺问题,特别是木质材料的逐渐减少使人类生活面临着新的挑战,这种影响同样波及家具领域。因此,他在设计时把节约材料作为一个很重要的因素考虑,尽可能以最少的材料达到设计目的。这与今天提倡低碳环保的设计理念不谋而和。

---

① 惠特福德,等.包豪斯:大师和学生们[M].艺术与设计杂志社,编译.成都:四川美术出版社,2009:203,205.

第二节

马谢·布鲁尔家具设计思想
对家具设计领域的影响

　　马谢·布鲁尔对新材料的创新应用和对居室空间的全新诠释是家具设计史中一笔宝贵的思想财富。空心钢管家具是20世纪工业设计的代表作,具有划时代意义。马谢·布鲁尔探索出的独特的设计思路,对同时代设计师产生了很大影响。

　　1925年,马谢·布鲁尔设计了第一个镀镍钢管作品瓦西里椅,艳羡和推崇之声扑面而来。他的包豪斯同窗朱斯特·施密特如此形容这一天才的设计:马谢·布鲁尔的第一把椅子,是让人充满兴趣与好奇的表现派风格的雕塑,他进一步用金属制作成椅子更是引发了轰动。① 科学的进步改变了人们的生产、生活方式,同时也使人们看到了探索带来的变化。现代艺术的新探索给人们带来思想上的解放,勾起了大家改变生活现状的欲望。现代建筑的兴起也为设计的现代主义起到了积极的推动作用。在这样一种大背景下,大家跃跃欲试,很多设计师和理论家针对设计发展面临的问题进行了多方面的探索。加之包豪斯新建筑的照片在各种出版物上的广泛传播,钢管家具迅速被人们熟知,自瓦西里椅诞生开始,众多国家的设计师都开始用钢管进行家具设计。路德维希·密斯·凡·德·罗 1927 年设计的魏森霍夫椅(附图 5-1)就受到马谢·布鲁尔利用材料特性进行创造思想的启发。他同样选取闪亮弯曲的钢管作为椅子的骨架,以弧形构造展示出对材料弹性的运用,利用织物和编织品作为坐垫和靠背,造型优雅大方。魏森霍夫椅一经面世就得到很高的评价,社会需求量源源不断,它的变体系列如 MR10 悬臂椅(附图 5-2)也同样深受欢迎。勒·柯布西耶 1928 年设计的巴斯库兰椅(附图 5-3)从外形上一眼就可看出是受到了瓦西里椅的灵感启迪。这件作品很轻便,在休闲场所很受欢迎。巴斯库兰椅主体构架选用钢管,用焊接方式连接,扶手亦选用皮带包裹,这和瓦西里椅所用的材料一致,只是制作工艺不同。英国设计评论家、伦敦设计博物馆馆长迪耶·萨迪奇这样评价利用钢管设计椅子:钢管成了机器时代的象征材质,马塞尔·布劳耶、马特·斯坦和路德维希·密·斯·凡·德·罗这三位现代主义的大师,都于 19 世纪 20 年代初,相继在数月间,推出自己版本的悬臂椅。就椅子的设计而言,钢管所带来的影响如同电之于照明。②

---

① 惠特福德,等.包豪斯:大师和学生们[M].艺术与设计杂志社,编译.成都:四川美术出版社,2009:205.
② 萨迪奇.设计的语言[M].庄靖,译.桂林:广西师范大学出版社,2015:194.

还有一位直接坦言受马谢·布鲁尔影响的家具设计大师是 20 世纪美国较有影响的建筑师、工业设计师——查尔斯·伊姆斯。他主张充分利用科技所提供的一切条件进行设计，并从实际出发，注重个人体会。例如，他于 1956 年设计的躺椅和脚凳（附图 5-4）就是用模制胶合板制作底座并加皮革垫，躺椅可以调节高度和倾角，并保持上翘 15 度角的状态，符合人体工程学原理，非常舒适。伊姆斯对胶合板、玻璃、纤维材料、塑料、钢条等新材料很感兴趣，设计了多种形式的胶合板热压成型家具。这种设计理念和马谢·布鲁尔的设计思想一脉相承。

各地钢管家具的生产情况从另一侧面反映了马谢·布鲁尔的原创设计所产生的影响。例如，从 1928 年开始，钢管家具在德国、荷兰成系列生产；1928 年，法国开始生产金属家具；1930 年，美国从法国进口钢管家具样型进行生产，并一直流行到 20 世纪 30 年代末。特别是马谢·布鲁尔 1928 年设计的两款悬臂椅，因其简洁的外形和良好的功能至今还在生产。美国著名家具公司——诺尔公司在第二次世界大战后购买了马谢·布鲁尔瓦西里椅的设计专利，并授权进行大批量生产。从 20 世纪 60 年代开始，瓦西里椅由于拥有较高的商业价值而被大量仿制。在今天的家具市场中，仍然到处都能找到马谢·布鲁尔等包豪斯大师们作品的影子，可见马谢·布鲁尔等设计大师们所产生的影响之大。

马谢·布鲁尔首创在设计房屋的同时设计出配套标准化家具的设计思想，同样影响着家具设计领域。今天的家具设计师们仍然致力于将建筑和家具设计相结合，以最大化地合理利用空间为最终目标。而马谢·布鲁尔对世界家具界产生深远影响的深层原因，是其以关心大众生活为己任的设计思想。这种思想是马谢·布鲁尔能够持久发挥创造力的根源，并影响着众多设计师在家具设计领域进行不懈的探索。可以说，马谢·布鲁尔的设计及其设计思想是家具设计史上的一棵常青树。

第三节

马谢·布鲁尔家具设计思想
对我国家具设计的启迪

通过对马谢·布鲁尔家具设计的全方位展现,我们了解了机器时代一位家具设计师的革新能力。我们通常将钢管家具的独特形象和马谢·布鲁尔的名字联系在一起,他设计的很多经典家具目前还在生产,并拥有广泛的使用人群。马谢·布鲁尔超前的家具设计思想深刻地启发着我国的家具设计师,对我国家具事业的发展具有非常重要的现实意义。

一、革新性方面

马谢·布鲁尔从开始跟随大师学习到形成自己独特的设计理念,经历了各种艺术思潮的相互碰撞,但他依然秉承理论与实践相结合的创作方法,将设计理论与实际生活和生产条件紧密结合,以服务大众为己任,坚持产品形式应符合产品功能的设计理念,并强调家具工艺造型与结构的纯粹性。布鲁尔以此为准则创造出改变家居空间和迎合时代审美观的实用家具作品。他设计的钢管家具完美地表达了现代主义设计美学的理念,并体现出标准化、机械化、功能性、合理化、大众化、简单、健康、清洁、流动、开放、轻便、透明等主要特点,这些特点完全符合人们对新生活的要求。当代著名企业德国布劳恩公司提出了优秀设计的十条标准:创新的、实用的、有美学价值、易被理解、诚实的、历久弥新的、注重细节、环保的、简单的、尽可能少的设计。我们将布劳恩的十条标准与马谢·布鲁尔的家具设计特点进行比较,并重新审视布鲁尔的家具设计思想,可以看出布鲁尔的家具设计思想仍居典范地位。

我国家具业要想提升国际知名度、提高国际竞争力,必须进行不断创新。家具设计创新,必须建立在我国设计师对材料、工艺、结构、美学等客观条件深入了解的基础上。设计师需要深入观察人们的生产、生活方式,并进行深度思考和总结。设计师既要对前人的经验进行借鉴和继承,又要具有当代设计环境下的敏锐嗅觉,才能创造出既具有实用价值又具有审美价值的创新作品。这就需要设计师在把握我国大众的审美心理的基础上,结合我国的文化传统、大众的消费习惯等因素,寻找新型设计要素和表现形式。同时,设计师还应肩负一定的社会责任,尽可能降低生产成本和运营成本,注重保护环境,通过新技术、新工艺、新材料、新结构等表现手法,创造出具有我国特色的家具设计作品。目前,我国的家具设计师已经开展创新性设计。在现代中式家具设计领域,家具设计师开始借助新技术和新材料开发新式的中式风格家具,以适应时代的发展。如将塑料、钢管等材料与明式家具式样相结合,通过提炼、概括、变形等方法,设计新的家具产品(附图 5-5①)。还有设计师将我国传统文化,如剪纸、鱼皮画等设计元素融入家具设计之中。

二、家具质量方面

质量是产品的核心。高质量家具需要先进的生产工艺和高标准的材料。马谢·布鲁尔在家具设计中,注重强调利用材料特性和新工艺为各种材料找到合适的设计语言,这其中就包含了对材料质量的要求。如果采用不合格的材料制作家具,则家具的强度不够,硬度不足,材料的真实属性得不到有效发挥,家具构件容易断裂、变形,不能满足消费者的需求,造成严重的资源浪费。例如,以马谢·布鲁尔的钢管家具为原型进行仿制的座椅充斥着家具市场,生产商为了降低生产成本、获取更大的利益,使用的钢管材料达不到高品质要求,生产的仿制家具不能充分展现材质的美感,更表现不出原创效果的精髓,甚至因为质量低劣对消费者造成伤害。因此,我国设计师只有本着重品质、重质量的设计理念,才能从日益激烈的竞争中脱颖而出,在国际家具领域占有一席之地。

三、设计师素质方面

马谢·布鲁尔正是接受了包豪斯全面、系统的教育,加上自己的辛勤努力,才成就了辉煌的设计事业。虽然时代在变化,但设计师应具备的基本素养不会改变。要成为一名全面发展的合格的设计师,不但要有较高水准的艺术造诣,还应具备数学、物理、化学等综合知识。如果设计师的关注点仅限于艺术性,而缺乏对于结构、技术、材料等方面的认识,其设计的作品多半会停留于式样层面的展示;如果设计师对结构、技术、材料有造诣,但是对产品的审美性有所欠缺,其设计的作品多半会具有较强的功能性但缺少美感。

---

① 潘文芳.基于钢管材料的现代金属家具创新设计[J].家具与室内装饰,2016(8):39-41.

目前,我国的设计师注重将多学科运用于设计领域,并积极参与社会实践研究,取得了诸多成效,还应继续全面加强自身修养,增强社会责任感,提升原创家具设计的高度。

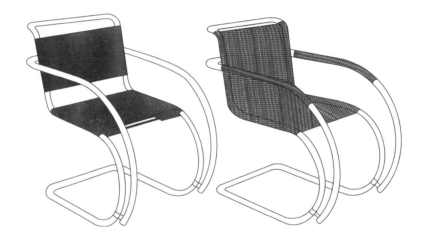

附图 5-1　路德维希·密斯·凡·德·罗 1927 年设计的魏森霍夫椅

附图 5-2　路德维希·密斯·凡·德·罗 1927 年设计的 MR10 悬臂椅

附图 5-3　勒·柯布西耶 1928 年设计的巴斯库兰椅

附图 5-4 查尔斯·伊姆斯 1956 年设计的躺椅和脚凳

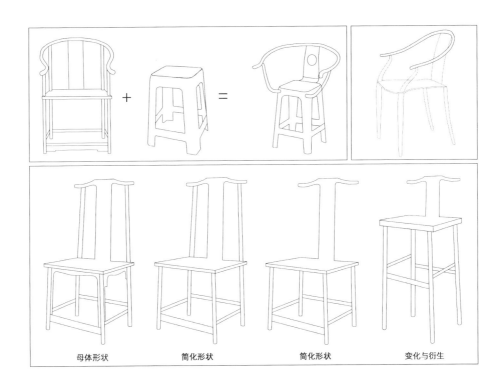

母体形状　　　　简化形状　　　　简化形状　　　　变化与衍生

附图 5-5　我国家具设计师借助新技术和新材料开发的新式中式风格家具

附录
马谢·布鲁尔设计的部分家具

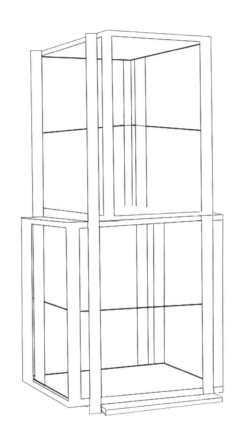

附图 1　马谢·布鲁尔 1923 年设计的展柜

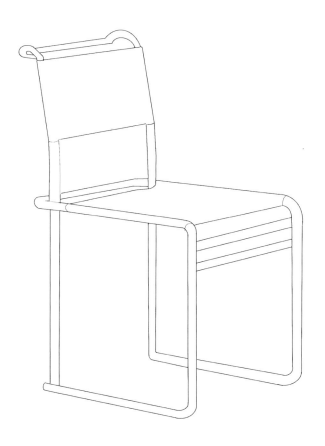

附图 2　马谢·布鲁尔 1926—1927 年设计的改良版 B5 钢管椅

附图 3 马谢·布鲁尔 1927 年设计的 B10 桌子

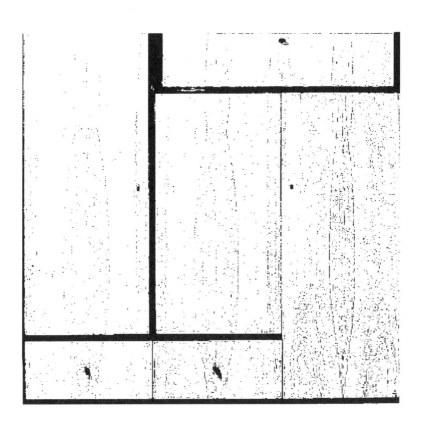

附图 4　马谢·布鲁尔 1927 年设计的女性衣柜正面

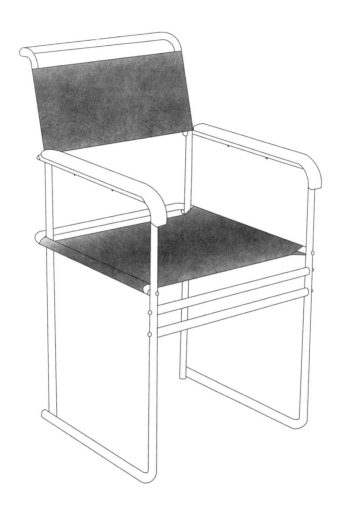

附图 5　马谢·布鲁尔 1927 年设计的 B11 扶手椅

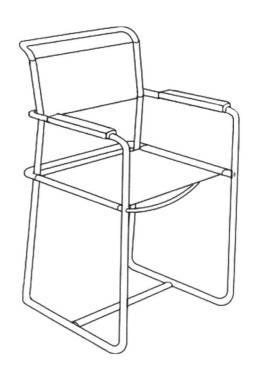

附图 6　马谢·布鲁尔 1929 年设计的扶手椅

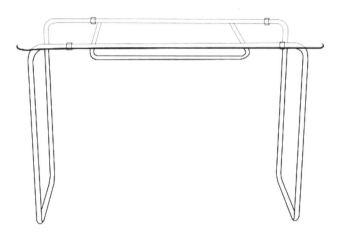

附图 7　马谢·布鲁尔 20 世纪 20 年代末设计的 B19 餐桌

附图 8　马谢·布鲁尔 1930 年设计的 B14 餐桌

附图 9　马谢·布鲁尔 1930 年左右设计的铝制椅

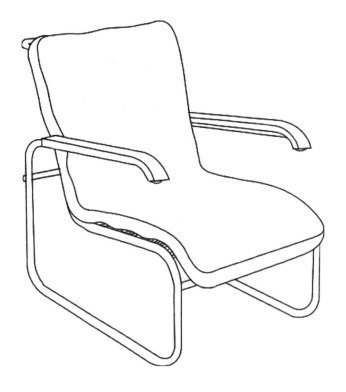

附图 10　马谢·布鲁尔 1931 年设计的 B35 扶手椅

附图 11　马谢·布鲁尔 1931 年设计的 B64 扶手椅

附图 12　马谢·布鲁尔 1931 年设计的凳子

参 考 文 献

[1] 德波顿.幸福的建筑[M].冯涛,译.上海:上海译文出版社,2007.

[2] 德国包豪斯档案馆,德罗斯特.包豪斯 1919—1933[M].丁梦月,胡一可,译.南京:江苏凤凰科学技术出版社,2017.

[3] 方海.现代家具设计中的中国主义[M].北京:中国建筑工业出版社,2007.

[4] 菲德勒,费尔阿本德.包豪斯[M].查明建,等,译.杭州:浙江人民美术出版社,2013.

[5] 弗里德瓦尔德.包豪斯[M].宋昆,译.天津:天津大学出版社,2011.

[6] 格罗比斯.新建筑与包豪斯[M].张似赞,译.北京:中国建筑工业出版社,1979.

[7] 格罗皮乌斯.新建筑与包豪斯[M].王敏,译.重庆:重庆大学出版社,2016.

[8] 格罗皮乌斯,纳吉.包豪斯工坊新作品[M].蒋煜恒,译.重庆:重庆大学出版社,2019.

[9] 何人可.工业设计史[M].北京:北京理工大学出版社,2000.

[10] 惠特福德,等.包豪斯:大师和学生们[M].艺术与设计杂志社,编译.成都:四川美术出版社,2009.

[11] 柯布西耶.走向新建筑[M].陈志华,译.西安:陕西师范大学出版社,2004.

[12] 黎辛斯基.金屋、银屋、茅草屋[M].谭天,译.天津:天津大学出版社,2007.

[13] 李乐山.工业设计思想基础[M].北京:中国建筑工业出版社,2001.

[14] 李砚祖.外国设计艺术经典论著选读:下[M].北京:清华大学出版社,2006.

[15] 李雨红,于伸.中外家具发展史[M].哈尔滨:东北林业大学出版社,2000.

[16] 纳吉.新视觉:包豪斯设计、绘画、雕塑与建筑基础[M].刘小路,译.重庆:重庆大学出版社,2014.

[17] O施莱默,T施莱默.奥斯卡·施莱默的书信与日记[M].周诗岩,译.武汉:华中科技大学出版社,2019.

[18] 萨迪奇.设计的语言[M].庄靖,译.桂林:广西师范大学出版社,2015.

[19] 斯莫克.包豪斯理想[M].周明瑞,译.济南:山东画报出版社,2010.

[20] 王受之.世界现代建筑史[M].北京:中国建筑工业出版社,1999.

[21] 沃尔伏.从包豪斯到现在[M].关肇邺,译.北京:清华大学出版社,1984.

[22] 奚传绩.设计艺术经典论著选读[M].南京:东南大学出版社,2002.

[23] 希利尔,麦金太尔.世纪风格[M].林鹤,译.石家庄:河北教育出版社,2002.

后 记

  书稿即将付梓,我似乎感到了一丝久违的轻松。从确定选题到最后完稿,产生了诸多犹豫和彷徨,到底要不要继续下去的问题一直困扰于心。原因有二:一是与包豪斯有关的课题研究众多、难以出新,对于包豪斯时期的人物及其设计作品,向来存在不同的学术立场,褒贬皆存。二是研究对象为百年之前国外的人物及其设计作品,资料获取难度较大。为寻找令人信服的一手资料,必须借助国外学术网站,且对于许多资料的解读需要扎实的外文阅读和分析能力,只是完成这部分工作就需大量的时间和精力投入。并且,即使努力去克服这些困难,获得的资料也难免不够系统和翔实。

  我曾经反问自己:究竟能在多大程度上还原一位设计师的设计史实,并给予客观的评价?工作的意义何在?但很快我便意识到,对于一位历史人物来说,从来也不会出现唯一的、绝对正确的历史记述,我们只能尽自己之力去相对客观地钩沉事实和做出判断,我们研究的价值在于展现出了不同的审视视角。马谢·布鲁尔作为包豪斯的学生和第二代大师,在设计史中的影响和地位常常为其师尊们所荫蔽,但这并不意味着他的事迹不值得深究。从一名学生接受教育并不断成长、成熟的轨迹上来叙事,或许是我们了解他的最好方式。马谢·布鲁尔在学生时代所取得的设计成就和对社会的影响,远远超越了同时期的绝大多数学生,况且当时的包豪斯还仅是刚刚起步的办学状态。是怎样的社会环境和历史机遇塑造了这样的人物? 这不能不令人深思。综合考量后,我决定结合德国历史背景,将马谢·布鲁尔的设计作品置于时代环境中进行讨论,尽可能地使马谢·布鲁尔家具设计的面貌及历史价值立体地呈现给读者。

　　本书的写作断断续续地经历了几个春秋,数易其稿,终将付梓。我深知,还有很多问题需要深入探究,但限于个人的水平和能力,不得不暂时告一段落。书稿的写作固然凝结了我无数个日夜的心血和汗水,但也离不开师友和学生们的辛苦付出,在此,我要对帮助过我的诸君致以诚挚的谢意! 特别感谢我的夫君,同在高校任教的他,自身也肩负着繁重的教学和科研任务,但他始终关注着我的研究课题,茶余饭后的探讨和切磋每每能给我启迪;当我心生困扰、产生懈怠时,他总能及时地劝导我,并督促我持之以恒、戒除浮躁、严谨治学。在家具图片的收集、绘制和整理方面,研究生王鑫、孔浩然、王温馨等同学做了不少辅助性工作,在此表示感谢。中国矿业大学出版社齐畅副编审和相关工作人员,在本书的出版过程中默默付出大量时间和精力,请接受本人诚挚的谢意!

张玉芝

于曲阜师范大学日照校区教授花园

2022 年 8 月